工业企业清洁生产审核指南

周 铭等 编著

科学出版社
北 京

内 容 简 介

本书主要为工业企业开展清洁生产审核提供管理方法、政策及案例示范，内容分为全景篇、方法篇、法规与政策篇及案例篇。希望通过全景展现清洁生产的发展过程，重点介绍清洁生产审核方法、配套的政策法规，并辅以生动的实践案例，为工业企业开展清洁生产审核、教育培训及持续改进使用提供有益的借鉴。本书将清洁生产视作工业企业开展节能减排的集成平台，该平台不仅是企业清洁生产技术的融合与应用，也是企业管理、数据和思想汇集的赋能平台，使工业企业能够对清洁生产获得新的认知和启示。

本书可供企业内部管理及教育培训使用，也可供科研工作者、管理人员、第三方组织以及关心企业环境管理领域的公众参考。

图书在版编目(CIP)数据

工业企业清洁生产审核指南／周铭等编著. —北京：科学出版社，2019.11

ISBN 978-7-03-062599-1

Ⅰ.①工… Ⅱ.①周… Ⅲ.①工业生产—无污染工艺—检查—指南 Ⅳ.①X7-62

中国版本图书馆 CIP 数据核字(2019)第 225332 号

责任编辑：许 健／责任校对：谭宏宇

责任印制：黄晓鸣／封面设计：殷 靓

科学出版社 出版

北京东黄城根北街 16 号

邮政编码：100717

http://www.sciencep.com

南京展望文化发展有限公司排版

江苏凤凰数码印务有限公司印刷

科学出版社发行 各地新华书店经销

*

2019 年 11 月第 一 版 开本：B5(720×1000)

2019 年 11 月第一次印刷 印张：11

字数：181 000

定价：80.00 元

(如有印装质量问题，我社负责调换)

《工业企业清洁生产审核指南》编写委员会

顾　问：张心良　邬坚平

主　任：周　铭

副主任：严丽平　胡　静　刘　扬　舒　伟

参编人员：

卫小平　虞　斌　黄宇阳　孙　丽　边华丹
顾隽凯　刘晋旭　戚雁俊　韩　玮　程养学
张　晶　王海红　丁　飞　张钰晨　周　晨
黄海英　徐　菲　刘秋霞　何航行

校　审：李　毅

前　言

长期以来，清洁生产被视为理念，而衍生的清洁生产审核也被视为一种实现节能减排的工具。随着《中华人民共和国清洁生产促进法》的正式施行（2003 年 1 月 1 日），清洁生产理念及清洁生产审核工作在全国范围内得到了广泛的应用与实践，在工业企业节能减排领域取得了令人瞩目的成绩。

但伴随着环境问题的日益突出，污染防治攻坚战逐步进入深水区，“无废城市”理念的提出也对社会层面的循环经济提出了更高的要求。内涵丰富的清洁生产，仅仅停留在工具性的应用，是否有利于其真正发挥功效？这也从理念及原理角度，对常年从事清洁生产审核工作的环境保护者提出了一个思考：我们是否能够从底层逻辑对清洁生产作出全新的理解？

近期出版的《崩溃：关于即将来临的失控时代的生存法则》一书，描述的是现代社会高度耦合系统存在着高度风险导致崩溃事件的发生，而清洁生产在企业层面资源循环利用的实践，实际上也是对现有高度复杂的废物处理处置管理系统的松耦合的一种表现，有利于化解潜在的城市系统崩溃风险。同时，我们也观察到随着智能化、信息化水平的提升，以前现场无法处理的废物，可以通过技术集成在现场消纳，形成了一种分布式的处理系统，这实际上也是对规模化处理处置系统的分流与松耦合。这也给我们一个启示，有条件进行现场处理的废物或资源，可以选择不通过长距离运输集中后的规模化处理。

从企业而言，我们试着将清洁生产视为一个平台，这个平台不仅是节能减排与清洁生产技术应用的平台，也应该是企业管理、数据和思想汇集的赋能平台。

从原则而言，我们试着转换视角，在清洁生产问题导向原则不变的前提下，更加强调发现问题背后的潜在价值与机遇，使问题不再成为责任、错误的代名词。同时，我们也尝试用实践过程积累的案例来诠释清洁生产原理，用生动的案例来多纬度地映射原理之精髓。

从管理而言，我们试着将清洁生产视为一个渠道，不仅是政府环境管理要求落实的渠道，企业环境管理与安全、质量、产品、设备管理不同领域之间相互协同、打开行政隔阂的通道，也应该是基层操作与管理层相互沟通的渠道，通过不同管理体系相互融合简化来提升整体管理效能。

从机构而言，企业高管应进一步确立企业环境管理部门在企业内部的地位，提升企业环境保护人员的权责，更多地获得企业内部资源，使清洁生产与环境管理相互融合，并充分发挥提升企业效益的功能。

从创新而言，我们试着将清洁生产视为汇集创意萌发的相邻可能，产品、原辅材料、技术、工艺、设备、废物、员工、管理这八大方面，就是触发创新的地带，如同分子的布朗运动一般通过不断碰撞，引发不同纬度创新思想的迸发。这一简约而不简单的规则在被重新认知后，也可能会在新的领域获得新的能量。

作为常年从事清洁生产审核及企业环境管理研究的团队，我们认为无论是清洁生产还是环境管理体系（前者通过促进法的形式介入企业生产经营活动，后者通过市场及供应链的力量普及于企业管理），均如同基础设施一样存在于企业之中。在企业环境保护领域如果不充分利用上述基础设施，也会产生重复建设一样的资源浪费。

无数案例表明，清洁生产可以是成熟企业内部形成延续性技术变革的良好途径，但如何支持破坏性创新技术的产生也需要我们作进一步思考，这也是中小企业在行业中赶超与发展的机遇。

另外一方面，清洁生产作为企业管理的工具与管理者密切相关，再先进的理念如果以传统模式运作，显然仍旧无法突破其局限性。《创新者的窘境》指出一种企业界普遍存在的现象，客户所关注的高端市场防线总是在不经意间被不起眼的低端破坏性创新技术所摧毁，无论在日新月异的高科技行业，还是发展缓慢的机械行业，甚至是流程密集型的钢铁行业，以及消费领域的零售行业，这一幕不断地在重演。甚至传统模式下良好的管理行为对企业作出错误决策及加速倒闭起到了推波助澜的作用，这点值得我们在应用清洁生产理念指导企业经营时予以重视，事实上如何用好理论又不被理论所约束地为企业创造效益是企业经营者追求的极致。

因此，我们建议相关政府主管部门重新审视清洁生产在企业中的平台作用，提升企业环境管理机构与人员的地位，使内涵丰富的清洁生产理念逐步渗透到企业经营的方方面面，以最低成本来影响企业环境行为，同时为企业减轻负担，创造良好的营商环境。在强调企业主体责任的时代，我们也希望企业高管能够重新审视清洁生产及环保机构在企业中的地位，使其能够真正自我管理、自我提升，为企业可持续发展提供创新动能。我们力图以自己的所学所知不断地向周边未知的环境进行探索，如同置身于黑暗森林中的孩子，周边的环境逐步在我们的摸索中闪现出希望的亮光，世界也逐步展现出其多姿多彩的景象。

本书辑录的科研成果得到上海市生态环境局重点科研课题《清洁生产绩效评价及环保管家服务效果评估研究》《生产过程协同资源化无害化处理废物政策规范研究》《上海市汽车整车行业固体废物和实验室危险废物规范化管理技术指南研究》《上海市生活垃圾填埋场环境保护运营管理规范及硫化氢抑制实证研究》《新形势下环评机构深化管理机制研究》的支持。同时，本指南在编制过程中得到了上海市生态环境局相关处室的大力支持与指导，在此表示衷心的感谢。

受作者经验与视角所限，书中部分观点可能存有不足之处，恳请读者多提宝贵意见，以使本书能够得到提升与更新。

目　录

1

全　景　篇

著名科学哲学家库恩在《科学革命的结构》中论述到，科学革命的重要意义在于完成了视角转换，即范式转移，真正指引人类行为的其实是我们的认知系统，是不同的视角引发了不同的行为，而非我们一直认为的人类行为受科学指引（王煜全，2019）。

歌德说："思考比了解更有意思，但比不上观察。"所以关于清洁生产，让我们尝试转换视角，从工业革命及企业管理角度观察，对清洁生产建立全新的认知系统。

一、工业革命发展历史

清洁生产是企业生产方式的一种优化选择，其脱胎于传统的生产方式，在历史上，企业生产方式通过工业革命的形态经历了以下变化。

（一）第一次工业革命

第一次工业革命是指 18 世纪 60 年代从英国发起的技术革命，它开创了机器代替手工劳动的时代，以蒸汽机作为动力机械被广泛使用为标志，是技术发展史上的一次巨大革命。这不仅是一次技术改革，更是一场深刻的社会变革，牛顿式机械观对人类社会的方方面面产生了深远的影响，也影响了后续管理思想的启蒙。

（二）第二次工业革命

第二次工业革命是指 19 世纪中期欧洲国家和美国、日本的资产阶级革命或改革的完成，人类进入了"电气时代"，并形成了汽车、化工等新兴产业。机床这一生产工具的出现使规模化生产成为可能，并由此形成了会计、工程师及人事等大批管理阶层。1911 年,斯万特·阿伦尼乌提出了温室效应理论;1912 年,德国化学家帕默斯顿通过对高炉副产品的实验研究,提出论断:垃圾只是放错地方的资源(《环球科学》杂志社等,2015)。

第二次工业革命极大地推动了社会生产力的发展,对人类社会的经济、政治、文化、军事、科技和生产力产生了深远的影响,资本主义生产的社会化组织能力大大加强,垄断组织也随之产生壮大。

此时,泰勒的科学管理理论适时出现,将每项工作分解成标准化动作进行分析、计时,使工人像机器一样作业的管理模式,让生产效率得到极大提升,生产作业活动通过标准化规定实现规模化,通过规模化量产实现对市场份额的占领。第二次工业革命促进了资本主义全球体系的最终确立,以世界为目标的市场概念开始萌芽。

与此同时,在经历两次工业革命后,人类通过技术进步逐渐增强了改造自然、利用自然的信心,人类"无所不能"的乐观主义不断蔓延,这种心态下所导致的环境问题也悄悄地潜伏下来。

(三)第三次工业革命

1946 年,世界上第一台电子计算机诞生,揭开了第三次科技革命的序幕,第三次工业革命是人类文明史上继蒸汽技术革命和电力技术革命之后科技领域里的又一次重大飞跃。

第三工业革命以原子能、电子计算机、空间技术和生物工程的发明和应用为主要标志,是涉及新能源技术、新材料技术、信息技术、生物技术、空间技术和海洋技术等诸多领域的一场信息控制技术革命。

计算机技术进入制造业后,使生产过程逐步向车间自动化转变,也逐步推动了面向制造和物流计划与控制的制造资源计划(MRP)和企业资源计划(ERP)制造信息化系统的产生,生产制造前端的规模化及信息化使后端污染物控制相形之下表现出落差,规模化生产带来的污染不可避免地借道落后的污染控制及管理标准逐步渗入环境的方方面面,而污染治理技术的扩张速度无法跟上生产规模的不断扩大。

第三次科技革命不仅极大地推动了人类社会经济、政治、文化各领域的变革,而且也影响了人类生活方式和思维方式,随着科技的不断进步,人类的衣、食、住、行、用等日常生活的各方面也在发生了重大变革。全球信息和资源交流变得更为迅速，大多数国家和地区都被卷入全球化进程之中，顶尖企业生产规模的线性增长逐步演变成指数级的增长态势，全球性的世界市场格局进一步得到确立。20 世纪 60 年代左右，人类正被经济发展所带来严重的环境问题所困扰，开始出现对经济与技术过度乐观主义质疑的环保浪潮，当时的预测与论断对人类的盲目乐观提出了警醒的预言，人类不得不面对快速发展所带来的对生态环境破坏的严重问题。于是，我们可以看到这样一种景象，当技术飞速发展时，乐观主义占据上风，而当环境问题不断爆发而技术无法跟上时，对经济可持续性的质疑声此起彼伏。近五十年以来，人类社会的经济发展就在这两种声浪中，不断前行与发展（保罗·萨宾，2019）。

随着改革开放步伐的加快，中国快速地接纳了生产领域的标准化制造方法与管理经验，经济的高速发展也使中国逐渐成为世界市场服务的世界制造业中心之一。由于环境保护标准未能同步跟上，伴随经济高速发展而来的高污染、高能耗也成为中国未来绿色发展道路上的重大障碍，企业的清洁生产与产业需求也呼之欲出。

通过工业革命历史也可以发现，核心技术在具有市场应用的前提下才能真正发展起来，实际上核心技术和应用技术相辅相成互为条件并形成一个正向循环；中国的企业在选择应用技术时，应该寻找与自己市场相匹配的技术，这对于环境保护领域而言同样适用，尤其是环境保护领域所采用的技术基本都是从其他领域中衍生的。

从工业革命发展史也可以看出，人类的经济发展从起先的过度乐观主义，演变了出对乐观主义质疑的全球环保浪潮，对人类延续粗放不可持续发展模式提出悲观主义警告，虽然这种警告所预测的景象在预定的年限里并没有出现。

这种警告是否改变了人类历史发展的轨迹，是否由于提出的警告使人类整体行为发生改变，从而使悲剧式的情景延迟，我们不得而知。但清洁生产似乎已经成为一种折中的选择，一种无论乐观主义者还是悲观主义者都能够接受的选择。

（四）第四次工业革命

前三次工业革命使得人类经济发展进入了空前繁荣的时代，但与此同时也造成了巨大的能源、资源消耗，并付出了惨痛的环境代价与生态成本，急剧地加深了人与自然之间的对立矛盾，也迅速拉大了发达国家与发展中国家之间的差距。

通过观察，我们可以大致推断出中国经济未来可以发生的景象：

• 按照普华永道的预测，中国在2030年的GDP规模会超过美国。

• 中国的人均收入从中等收入迈进高收入只是个时间问题。按照国际货币基金组织的预测，大约在2021年，中国的人均收入会超过12 055美元这道高收入国家的门槛（何帆，2019）。

进入21世纪，人类面临空前的全球能源与资源危机、全球生态与环境危机、全球气候变化危机等重重挑战，由此引发了所谓的第四次工业革命——绿色工业革命，这要求一系列传统的生产活动，将在发达的信息化技术支持下从以自然要素投入为特征，逐步过渡到以绿色要素投入为特征的跃迁与进化，并惠及社会整体。

第四次工业革命，使中国首次与发达国家站在同一起跑线上。这是一场全新的绿色工业革命，它的实质和特征就是大幅度提高资源生产率，期望中的经济增长则将力图与不可再生资源要素逐步脱钩、与二氧化碳等温室气体排放脱钩。

技术在历次工业革命中，也逐步呈现出进化螺旋上升状态。同时人类逐步认识到，如果技术将我们与自然分离，它就带给我们某种类型的死亡。但是如果技术加强了我们和自然的联系，它就肯定了生活，因而也就肯定了我们的人性。《技术的本质》以历史视角与工业化的角度观察，使我们清晰地认识到，世界第四次工业革命，即绿色革命，已经扑面而来（布莱恩·阿瑟，2018）。

改革开放40多年以来，中国经济经历了市场化、国际化、工业化和城市化四个关键转型。由计划到市场，由封闭到开放，由农业、农村主导到工业化、现代化的经济结构。借助这四方面转型合力，中国经济实现了持续40年的高速增长，创造了世界经济史上前所未有的“中国奇迹”，经济发展过程中用40年时间叠加跨越了前三次工业革命的周期，确立了全球规模化生产中心的地位，在建筑、高铁、家电等行业取得制造优势，并成为全球最大的信息化市场。对于未来，可以预测中国经济呈现消费转型、服务转型、数字化及智能化、绿色化的“新转型”，这将成为经济发展新的引擎与动力。

绿色转型是中国经济整体的需求，即从高消耗、高污染、高资源代价到低消耗、低污染、环境友好的转变。绿色转型也是中国经济增长和人民福祉提升之愿景，而对生态环境的整体危机意识也同时决定了绿色转型已经成为维护人民健康和社会和谐的迫切需求，助推形成了国内巨大的绿色消费市场，也将改变过去依赖出口市场的局面。

从传统经济向绿色经济转型意味着不断增长的资源环境成本需要得到持续大幅降低。绿色转型也要求经济各环节和各行业生产制造过程更清洁,资源消耗更低、污染排放更严、能源结构优化、能源利用效率提高。同时对环境友好产品、低碳产品的需求上升,环境保护和清洁生产产业也需要极大提升,以有效应对日益恶化的环境问题。绿色与清洁转型中所蕴含的研发、技术、投资和产业机遇也是世界性的,代表了新的增长极和国际竞争的制高点。

二、管理思想演变历史

西方管理思想和学说,除了早期的管理思想以外,从其产生的时期来看,大致分为三个阶段: 第一阶段是古典管理理论,产生并形成于 19 世纪末 20 世纪初;第二阶段是行为科学理论,产生与形成于 20 世纪二三十年代;第三阶段是当代各种管理理论,产生和形成于第二次世界大战前后,一直到现在。

以上各阶段的划分以理论产生时间以及影响程度为依据,事实上,这些管理思想和学说自产生以来一直互相影响和交叉并存,同时不断地发展与演变,形成不同理论流派,由此构成了管理思想根基与历史积淀(宁国良,2004)。如果拉长历史来看,这些管理思想与流派或多或少在不同侧面对后续的环境保护理念产生了潜移默化的影响与同化。

1) 在工业革命前的早期管理思想时代,世界经济和社会形态基本处于静止徘徊的状态,所谓管理就是由中央权力机构一旦做出决定后逐级落实执行,虽然形成了一些初步的管理思想,但是仍旧缺乏系统性和整体性。

2) 工业革命后,泰勒倡导的科学管理思想逐步在大生产中形成。“新教伦理”“自由伦理”“市场伦理”三种力量相互作用、相互结合,推动了工业化新时代的产生,也极度需要形成一套正式和系统地实施管理的知识体系。同时市场经济的萌芽和发展,要求管理人员发挥更大的创造性,因此必须建立一个管理思想体系来引导企业的生产行为,泰勒的科学管理思想由此深入人心。

3) 行为科学管理思想的产生。1929 年经济大萧条之后,当时社会心理发生了明显的变化,这时期的管理思想由侧重于生产端管理转向高层管理,社会伦理则着眼于团体和人的集体性质、合作和社会团结的需要。

4) 现代管理思想的发展。进入 20 世纪 80 年代以后,整个世界处于持续变化的过程之中,国际政治动荡起伏、世界经济变幻莫测、科学技术发展逐步升级、不同文化呈现相互渗透、融合和影响的格局。此时,管理思想正逐步从过程管理向战略管理转变、由内向管理向外向管理转变,行为管理则逐步向文化管理转变,其中影响较大的是波特的竞争优势理论。

在现代管理思想发展期间,戴明质量管理法以及石川馨等管理大师的思想与理论随着现代工业体系的发展不断形成,深刻地影响了目前国际标准化组织推行的管理体系架构以及运行模式,甚至也推动了清洁生产原理与逻辑的逐步成形。

20 世纪 30~40 年代,自然科学领域系统论、控制论和信息论相继成形,在不同学科科学家的努力下,60 年代形成了现代控制论的基础,70 年代形成了大系统理论时期。同时,上述理论也逐步向经济、社会以及企业管理领域渗透并被普遍应用。

尽管在管理学界对不同阶段不同管理理论的优劣存在争论,但事实上我们也可以观察到不同管理理论正在相互影响、渗透与融合,正在形成相对统一的管理理念与原则,也可以说新管理理论站在旧理论的肩膀上才更具效能(方振邦等,2011)。

同时,管理与技术之间也存在着一种微妙的关系。企业中常有非常重视技术的惯例,认为技术可以替代管理,事实上技术本身受限于管理,当管理活动有利于技术应用或其升级时,技术可以发挥其最大的功效;而当管理活动抑制了技术发挥时,技术往往无用武之地。同时,技术的应用本身有前提与边界条件,技术也不可能解决所有人类问题。尤其当管理领域出现重大决策失误偏离了技术极限时,技术往往在短时间内无能为力,这在环境领域尤其为突出。

管理与技术之间又是一种竞合关系,当技术无法解决管理所识别的问题时,有效的管理往往可以调用有限的资源,保持现有状态,避免负面影响扩大,等待外围技术资源升级所带来的技术进步。一旦技术实现突破后,则管理所设定的一整套运行机制随之得到唤醒,发挥其提升管理绩效的作用。

无论研究还是实践表明,当今世界除了少数关键性和突破性技术之外,很多所谓“创新”的新技术都是已有技术的“混合搭配”或持续改良的结果,也就是说,它们把已经存在的技术经过重新组合、集成或者改良,并应用于别人未曾想到的场景。因此,从某种程度上讲,技术本身未必是最重要的,而寻找技术应用场景甚至更为重要,而企业的清洁生产过程就是依托其管理属性,为新技术、新材料、新工艺、新装备提供应用场景(保罗·萨宾,2019)。

三、清洁生产发展历史

(一) 清洁生产在全球的发展历史

1. 全球环境保护发展历程

从全球视野看,人类面对的环境问题,特别是环境污染问题,主要经历了“代价阶段、醒悟阶段、奋起阶段”三个阶段。

第一阶段: 代价阶段。长期以来,人类希望能够摆脱被自然控制的命运,而工业革命之后,人类征服和改造自然的能力大大增强。随着科学技术和市场经济的快速发展以及工业规模化不断提升,人类整体的生产力水平也得到了极大提高。传统规模化的生产活动在创造丰富的物质财富的同时,也在持续地过度消耗自然资源,大量排放各种污染物,大范围破坏生态环境,有意无意地无视造成的环境后果,人类也为此付出了沉痛的代价。从 20 世纪 30 年代开始,英、美、日等发达国家相继发生了英国伦敦烟雾事件、美国洛杉矶光化学烟雾事件、日本水俣病事件等震惊世界的环境公害事件。

第二阶段: 醒悟阶段。全球范围不断爆发的环境问题与公害事件,以及 20 世纪 70 年代爆发的能源危机推动人类环境意识的集体觉醒,并开始行动起来积极采取对策。在环境意识觉醒历史进程中,以下三个观点在此阶段推动了环境保护理念的不断深入前行。

第一个观点来自《寂静的春天》(也有译为《没有鸟鸣的春天》),作者蕾切尔・卡逊是一位美国海洋生物学家,她揭露了利益集团为追求利润而滥用农药的残酷事实,其震撼人类的语言是“不解决环境问题,人类将生活在幸福的坟墓之中”(蕾切尔・卡逊,1962)。

第二个观点来自《增长的极限》(德内拉・梅多斯等,1972),而其代表性观点是“没有环境保护的繁荣是推迟执行的灾难”。该报告是 1972 年由来自世界各地的几十位科学家、教育家和经济学家会聚在罗马编制形成的。该报告对人类可能面临的结局进行了预测(但其预测的景象并没有如期出现),并在此后的几十年一直持续更新。

第三个观点来自《只有一个地球》,主要观点是,“不进行环境保护,人们将从摇篮直接到坟墓”。该报告是 1972 年在瑞典斯德哥尔摩召开的联合国人类环境会议秘书长莫里斯·斯特朗委托经济学家芭芭拉·沃德和生物学家勒内·杜博斯所撰写的(B.沃德等,1972)。

上述观点,从崇尚技术至上的乐观主义角度来看,似乎过于谨慎甚至于悲观,许多持相反观点的人在许多年之后,发现悲观主义所预测的景象并没有如期出现,而人类人口在此期间却依然大幅度增长,生活和健康水平全球来看也是在逐步提高。

第三阶段:奋起阶段。经历了付出代价阶段和醒悟阶段之后,人类对环境问题的认识开始逐步深入,对发展模式与途径不断地进行深刻反思。

以下列各次世界性环境与发展会议为标志,人类对环境问题的认识逐步积累着历史性的转变。所以,无论乐观主义还是悲观主义者都会发现,过度乐观与过度悲观事实上都不足取,辩论的议题要么是世界末日,要么是乌托邦,使得对话无法真正在人群中开展,似乎人类应该采取更为折中的态度对待这些发展中的问题。

1972 年 6 月 5 日至 16 日,在瑞典斯德哥尔摩召开了联合国人类环境会议,世界各国开始共同研究如何解决环境问题。该会议通过了《人类环境宣言》,确立了人类对环境问题的共同看法和原则。该会议开幕日(6 月 5 日)后来被联合国确定为世界环境日,此后每年 6 月 5 日都被视为是所有环境保护者的节日,清洁生产理念在此期间开始萌芽并逐步向各领域渗透与发展。该宣言中还引用了毛泽东主席的话:"人类总得不断地总结经验,有所发现,有所发明,有所创造,有所前进。"

1992 年 6 月 3 日至 14 日,在巴西里约热内卢召开了联合国环境与发展大会。会议第一次把经济发展与环境保护结合起来进行认识,提出了可持续发展战略,标志着环境保护事业在全世界范围有了历史性转变。由我国等发展中国家倡导的"共同但有区别的责任"原则,成为国际环境与发展合作的基本原则。

1996 年,国际标准化组织推行的 ISO 14001 环境管理体系跟随可持续发展的潮流应运而生,随后被引进中国并逐步在各大领域中应用,通过二十多年的普及渐渐成为企业环境管理领域的标准配置,如基础设施一般存在企业之中。

1997 年 12 月,由 149 个国家和地区代表在日本东京召开的《联合国气候变化框架公约》缔约方第三次会议上制定的《京都议定书》,是人类历史上第一个具有法律约束力的减排文件。

2002年8月26日至9月4日，在南非约翰内斯堡召开的可持续发展世界首脑会议上提出经济增长、社会进步和环境保护是可持续发展的三大支柱，经济增长和社会进步必须同环境保护、生态平衡相协调。

2012年6月20日至22日，在巴西里约热内卢召开了联合国可持续发展大会。会议发起可持续发展目标讨论进程，提出绿色经济是实现可持续发展的重要手段，正式通过《我们憧憬的未来》这一成果文件。

2015年12月，在法国巴黎由近200个国家和地区签订了全球减排协议——《巴黎协定》，标志着全球应对气候变化迈出了历史性的重要一步。

2. 全球清洁生产发展历程

（1）北美清洁生产发展

清洁生产早期由20世纪60年代美国化工行业的污染预防审计演变而来，伴随着70年代能源危机的爆发，清洁生产这一概念逐步流行于其他行业。美国20世纪80年代初提出的“废物最小化”政策是美国污染预防的初期表述，而清洁生产审核最初被引进中国时也被称为“废物减量化审计”。1989年，美国正式提出了“污染预防”的概念，取代原来的“废物最小化”概念，北美其他国家也逐步将“清洁生产”也改称为“污染预防”。

1990年10月，美国国会通过《污染预防法》，以立法的形式确定了污染物“源削减”政策；美国从联邦到各州环保局都设立了专门的污染预防办公室，组织实施推广清洁生产，为各地方环保局开展污染预防工作提供经费，用于企业清洁生产审核咨询和清洁生产研究工作。

依据《污染预防法》，美国提出了“33/50计划”和“能源之星计划”。“33/50计划”是美国环保局1991年实施的一项污染物削减行动方案，目标是以1988年为基准，将17种有害化学物质的排放量到1992年削减33%，到1995年削减50%。“能源之星计划”则是由美国环保局于1992年启动的降低能源消耗及减少发电厂温室气体排放的行动。该计划没有强制性，自发配合的厂商，可以在其合格产品上贴上能源之星标签。后来，该计划从最早发起的电脑等电器，逐步延伸到电机、办公室设备、照明、家电、建筑等领域。“33/50计划”及“能源之星计划”等项目推广都取得了阶段性成功。

加拿大于1991年成立了“全国污染预防办公室”，协调和推动该国的污染预防工作，同时负责推进自愿减少使用或消除使用列入清单的有毒化学品的项目。

另外,加拿大政府还制订了资源和能源保护技术的开发和示范规则,率先开展了“3R”[即减量化(reduce)、再利用(reuse)和再循环(recycle)]运动,延伸了清洁生产的概念及范围,促进清洁生产工作在北美的开展。

(2) 欧盟清洁生产发展

20世纪70年代中后期,“废物最小化”“污染预防”等理念由北美传入欧洲,“清洁生产”的概念开始出现。1976年,欧共体在巴黎的“无废工艺与无废生产国际研讨会”上提出“消除造成污染的根源”的思想,初步提出清洁生产理念,“无废”的基本理念也初步形成;1979年,欧共体理事会正式宣布推行清洁生产政策;1984~1987年,欧共体环境事务理事会拨款支持建立清洁生产示范项目,在欧共体各国示范推广清洁生产理念及实践。

丹麦和奥地利等国也相继开展了清洁生产。欧盟(原欧共体)开展清洁生产的重点是技术,在强调技术创新的同时把财政资助与补贴作为一项基本政策,政策基本点都着眼于如何减轻末端治理的压力,而将污染防治视角上溯到生产源头,由上至下逐步拓展到生产全过程。

欧盟1996年通过了“综合污染预防与控制”(Integrated Pollution Prevention and Control)指令,该指令要求欧盟成员国在3年内建立本国法律法规,将污染预防和污染控制综合起来考虑,以减少对环境的总体危害,通过建立整体化的工业污染防治体系,防止或减少企业向大气、水体和土壤中排放污染物,从而在整体上对生态环境实现高水平保护。该指令最重要的特点就是它是针对企业生产制造全过程、以污染预防为主、综合性的污染防治战略,这一点恰恰体现了清洁生产的理念。欧盟当时针对主要的重污染行业研究制定了33个行业的最佳可行技术参考文件。

进入21世纪后,发达国家清洁生产政策有两个值得关注的重要动向:首先是把着眼点从清洁生产技术逐渐转向从生命周期角度审视与评估清洁生产;其次是从大型企业在获得财政支持或其他种类的支持方面拥有优先权,逐步转变为更重视扶持中小企业进行清洁生产,包括提供财政补贴、项目支持、技术服务和信息等具体措施。

(3) 全球清洁生产发展

1989年,联合国正式提出“清洁生产”的概念。联合国工业发展组织(UNIDO)和联合国环境规划署(UNEP)通过在部分国家启动清洁生产试点示范项目,将“清洁生产”理念引入这些国家层面并以实践验证,并开始在全球范围内推行普及清洁生产活动。自此,清洁生产开始在全世界范围内全面推广、实施、普及并取得了良好的成果。

在全球可持续发展战略的背景下,1992 年 6 月在巴西里约热内卢召开的"联合国环境与发展大会"上通过了《21 世纪议程》,号召工业企业提高能效,使用清洁技术,推动实现工业可持续发展。1998 年 10 月,在韩国首尔召开的第五次国际清洁生产高级研讨会上,包括 13 个国家的部长及其他高级代表和 9 位公司领导人在内的 64 位签署者共同签署了《国际清洁生产宣言》。于是世界上一些大型集团积极在自己的生产活动和商业领域中遵循环境优先和生态可持续发展的原则,根据国际商会的可持续发展简章,致力于发展高效、低废的清洁生产技术,以期在推进全球保护环境的活动中扮演重要的角色。

1995 年,在瑞士、奥地利政府以及其他双边和多边资助方的支持下,联合国工业发展组织与联合国环境规划署联合启动了世界上首个全球范围的清洁生产项目——建立发展中国家清洁生产中心,共帮助近 50 个发展中国家建立了国家或地区级清洁生产中心,培训了大批清洁生产专家,完成了大量企业清洁生产审核,并对清洁生产审核成果和经验进行宣传、推广。

2010 年 11 月,联合国工业发展组织和联合国环境规划署第二次联手,启动了"全球资源高效利用与清洁生产项目",共同资助并支持成立"全球资源高效利用与清洁生产网络"(The Global Network for Resource Efficient and Cleaner Production,RECP-Net)。这是全球第一个非营利性的发展中国家清洁生产专业网络,是由发展中国家清洁生产中心和部分发达国家清洁生产专业咨询机构为主要成员单位组成的全球规模最大的清洁生产专业网络,现有成员 41 个。

我国原环保部清洁生产中心作为首批成员单位,于 2010 年 11 月正式加入该网络,现为本网络中我国唯一一家成员。"全球资源高效利用与清洁生产网络"总体目标是促进资源高效利用与清洁生产理念、方法、政策、实践及技术在发展中国家和转型国家的有效开发、应用、完善与推广;同时加强南南及南北之间的有效合作,共享先进的资源高效利用与清洁生产知识理念、经验和技术。

目前全世界已有 70 多个国家全面或部分开展清洁生产工作,包括美国、加拿大、日本、澳大利亚、新西兰和欧盟各国(法国、荷兰、丹麦、瑞典、瑞士、英国、奥地利等国)在内的发达国家以及中国、巴西、捷克、南非等近 50 个发展中国家。

（二）清洁生产在中国的发展历史

1. 我国环境保护发展历程

我国环境保护大致可以分为以下阶段：

（1）第一阶段：从20世纪70年代初到党的十一届三中全会

1972年召开人类环境会议时，中国原不准备派代表参加，但周恩来总理敏锐地看到了污染的严重性及其后果，强调不能将环境问题看成是小事，不要认为不要紧，不要再等了。在周总理的指示下，我国派出代表团参加了该次人类环境会议。

1973年8月，国务院召开第一次全国环境保护会议，提出了“全面规划、合理布局，综合利用、化害为利，依靠群众、大家动手，保护环境、造福人民”的32字环境保护工作方针。

（2）第二阶段：从党的十一届三中全会到1992年

这一阶段，全国环境保护工作逐渐步入正轨。

1982年，国务院机构改革，正式设立环境保护局，隶属于城乡建设部，这是新中国成立以来设立的第一个真正意义上的国家级环保机构。1983年召开的第二次全国环境保护会议，把保护环境确立为基本国策。1984年5月国务院作出《关于环境保护工作的决定》，环境保护开始纳入国民经济和社会发展计划。

1988年，环境保护工作从城乡建设部分离出来，单独设立国家环境保护局（副部级），成为国务院直属机构。地方政府也陆续成立环境保护机构。1989年国务院召开第三次全国环境保护会议，提出要积极推行环境保护目标责任制、城市环境综合整治定量考核制、排放污染物许可证制、污染集中控制、限期治理、环境影响评价制度、“三同时”制度、排污收费制度8项环境管理制度，形成了环境管理制度的雏形。

同时，以1989年正式实施的《中华人民共和国环境保护法》（简称《环境保护法》）为代表的环境法规体系初步建立，为开展环境治理奠定了法治基础。

（3）第三阶段：从1992年到2002年

里约热内卢“联合国环境与发展大会”（1992年6月）两个月之后，我国发布了《中国环境与发展十大对策》，把实施可持续发展确立为国家战略。

1994年3月，我国政府率先制定实施《中国21世纪议程》。1996年，国务院召开第四次全国环境保护会议，发布《关于环境保护若干问题的决定》，大力推进“一控双达标”工作,全面开展“三河”(淮河、辽河、海河)、“三湖”(太湖、滇池、巢湖)水污染防治、“两控区”(二氧化硫污染控制区、酸雨控制区)大气污染防治,以及一市(北京市)、一海(渤海)(简称“33211”工程)的污染防治。启动了退耕还林、退耕还草、保护天然林等一系列生态保护重大工程。

1998 年国家环境保护局升格为国家环境保护总局(正部级),2008 年升格为环境保护部,成为国务院组成部门。

(4) 第四阶段: 从 2002 年到 2012 年

党的十六大以来,党中央、国务院提出树立和落实科学发展观、构建社会主义和谐社会、建设资源节约型环境友好型社会、让江河湖泊休养生息、推进环境保护历史性转变、环境保护是重大民生问题、探索环境保护新路等新思想新举措,主要污染物减排成为经济社会发展的约束性指标。同时,环境保护法规密集出台,2002 年 6 月,《中华人民共和国清洁生产促进法》(简称《清洁生产促进法》)通过并随后实施;2002 年 10 月,《中华人民共和国环境影响评价法》(简称《环境影响评价法》)通过并随后实施;2008 年 8 月,《中华人民共和国循环经济促进法》(简称《循环经济促进法》)通过并随后实施。节能减排成为这一阶段环境保护工作的主题词。

(5) 第五阶段: 党的十八大至今

党的十八大将生态文明建设纳入中国特色社会主义事业总体布局,把生态文明建设放在突出地位,要求融入经济建设、政治建设、文化建设、社会建设各方面和全过程,努力建设美丽中国,实现中华民族永续发展,走向社会主义生态文明新时代。

这是具有里程碑意义的科学论断和战略抉择,标志着生态文明已上升到我国的战略高度。这也是中国深刻把握当今世界发展绿色、循环、低碳新趋向,是对可持续发展理论的凝练和升华。

我国生态文明理念引起国际社会关注,2013 年 2 月召开的联合国环境规划署第 27 次理事会通过了推广中国生态文明理念的决定草案。

党的十九大报告中提出“坚决打好防范化解重大风险、精准脱贫、污染防治的攻坚战”,这是全面建成小康社会必须跨越的关口。

2018 年,中华人民共和国生态环境部组建成立,作为国务院组成部门,将国家发展改革委的应对气候变化和减排职责,国土资源部的监督防止地下水污染职责,水利部的编制水功能区划、排污口设置管理、流域水环境保护职责,农业部的监督指导农业面源污染治理职责，国家海洋局的海洋环境保护职责，国务院南水北调工程建设委员会办公室的南水北调工程项目区环境保护职责进行了整合。生态环境部的成立，使环境保护工作在新时代下开启了打好污染防治攻坚战新的一页。

2. 我国清洁生产发展历程

我国清洁生产经过30年的发展，总体上经历了清洁生产理念引入（1983～1992年），清洁生产试点、示范及立法（1993～2003年），清洁生产循序推进制度化（2003年至今）三个阶段。

（1）清洁生产理念引入阶段

20世纪80年代，清洁生产的理念和方法开始引入我国，1992年8月国务院制定了《中国环境与发展十大对策》，发布了《中国清洁生产行动计划（草案）》，清洁生产成为解决我国环境与发展问题的对策之一。

（2）清洁生产试点、示范及立法阶段

在该阶段，我国明确提出了工业污染防治必须从单纯的末端治理向生产全过程控制转变以及实行清洁生产的要求，明确了清洁生产在我国工业污染防治中的地位。

1993年，我国启动实施了首个清洁生产国际合作项目“推进中国的清洁生产”（世界银行技术援助项目B－4子项目），清洁生产审核作为重要的工具被正式引入我国并进行了首批试点示范。

1996年8月，国家环保局制定并发布了《关于推行清洁生产的若干意见》，要求地方环境保护主管部门将清洁生产纳入已有的环境管理政策中。

1999年5月，国家经贸委发布了《关于实施清洁生产示范试点的通知》，选择北京、上海、天津、重庆、兰州、沈阳、济南、太原、昆明、阜阳10个试点城市，以及冶金、石化、化工、轻工、纺织5个试点行业开展清洁生产示范和试点。

2002年6月29日，第九届全国人大常委会第28次会议审议通过了《中华人民共和国清洁生产促进法》，并于2003年1月1日正式施行。该法是我国第一部以污染预防为主要内容的专门法律，是我国全面推行清洁生产的里程碑，标志着我国清洁生产进入了法制化的轨道，也是清洁生产推行10年来最具有历史意义的一刻。

（3）清洁生产循序推进制度化阶段

从2003年开始，我国清洁生产工作进入“有法可依、有章可循”阶段。国务院各部门根据《中华人民共和国清洁生产促进法》中的要求与职能分工，出台和制订了较为详细的清洁生产政策、法规、标准、技术规范、评价指标体系等一系列政策和技术支撑文件。

2004 年 8 月颁布实施的《清洁生产审核暂行办法》促使清洁生产审核成为我国推进清洁生产的最有效手段和方法，确定了自愿性审核和强制性审核协同推进的模式，建立清洁生产审核一系列配套制度，清洁生产工作也取得了明显进展与成就。

2005 年 12 月发布的《国务院关于落实科学发展观加强环境保护的决定》指出：在生产环节，要严格排放强度准入，鼓励节能降耗，实行清洁生产并依法强制审核。从此，清洁生产审核作为“节能减排”的重要技术工具在工业企业中逐渐普及、开展与落实。

2012 年 2 月 29 日，中华人民共和国第十一届全国人民代表大会常务委员会第二十五次会议通过了《关于修改〈中华人民共和国清洁生产促进法〉的决定》，对《清洁生产促进法》进行了修正，并于 2012 年 7 月 1 日起施行。修正后的《清洁生产促进法》对我国清洁生产工作提出了新的要求，明确建立了强制性清洁生产审核制度。

2018 年 4 月，生态环境部、国家发展改革委联合制定了《清洁生产审核评估与验收指南》。

2019 年 1 月，国务院办公厅印发《“无废城市”建设试点工作方案》，推动形成绿色发展方式和生活方式，持续推进固体废源头减量和资源化利用，该方案中提出由生态环境部牵头，对清洁生产、循环经济相关政策予以集成创新的要求，因此通过工业企业实施清洁生产就是实现绿色生产、循环无废工厂的重要载体。

(三) 清洁生产在上海的发展历史

1995 年上海市环保局利用英国政府的赠款在化工、纺织、制药、冶金等行业中选择 30 家企业进行清洁生产技术的示范，上海市环境科学研究院对入选的 17 家企业开展清洁生产审核，然后再深入选择 6 家企业实施详细审核，整个清洁生产示范过程到 1998 年结束。

2000 年，上海市环境科学研究院邀请美国国家环保局专家在上海举办了清洁生产审核专项培训班，共有 40 余家企业派员参加，为上海市清洁生产的推进培养了大批技术人员，随后上海市环境科学研究院一直在全国与上海市范围开展清洁生产宣传工作，并不断与国内外同行进行技术交流。

1997 年，上海市环境科学研究院作为原环境保护总局的清洁生产审核试点机构入选全国名单，并定期开展国家清洁生产审核师培训班，为全国及各省市培养清洁生产人才。

《中华人民共和国清洁生产促进法》于 2003 年 1 月 1 日正式实施后，当年 11 月 10 日，上海市人民政府办公厅发布了《关于本市贯彻〈中华人民共和国清洁生产促进法〉的实施意见》，建立了上海市推进清洁生产联席会议制度，联席会议由上海市经委、环保局及科委组成，研究和协调全市清洁生产推进工作、制定全市清洁生产推进规划、对全市清洁生产的实施进行监督，以及清洁生产的科学研究和技术开发。

联席会议下设上海市推进清洁生产办公室，负责全市清洁生产推进的日常管理工作，统一部署全市推进《清洁生产促进法》工作，贯彻落实国家清洁生产政策，制定全市清洁生产实施计划、技术指南、指标体系及相关政策等，组织、协调和指导企业开展清洁生产示范、审核。

随着国家相关部门政策以及重点企业清洁生产审核评估验收要求的逐步落地，上海市环境科学研究院也逐步承担起强制性清洁生产审核的评估验收工作。

四、清洁生产审核

（一）清洁生产定义

清洁生产是根本上人们思维方式和观念的一种转变，是环境保护战略由被迫行动向主动出击的转变。联合国环境规划署于 1989 年首次提出了清洁生产的定义，得到了国际社会的普遍认可和接受，其定义于 1996 年修订如下：

清洁生产是一种新的创造性思想，该思想将整体预防的环境战略持续应用于生产过程、产品和服务中，以增加生态效率和减少人类及环境的风险。

对生产过程，要求节约原材料和能源，淘汰有毒原材料，削减所有废弃物的数量和毒性。

对产品，要求减少从原材料提炼到产品最终处置的全生命周期的不利影响。

对服务，要求将环境因素纳入服务的设计和提供过程中。

联合国环境规划署的定义将清洁生产理念贯穿于生产过程、产品及服务中。我们再看清洁生产的英文"cleaner production",可以理解为"更清洁的生产",即一个相对、比较的概念。

所谓清洁原料、清洁生产技术和工艺、清洁能源、清洁产品等都是指相对于当前所采用的原料、生产技术和工艺、能源以及生产的产品而言的,其所产生的污染更少、对环境危害更小、资源损耗更低、能源消耗更少,甚至意味着是一个时间效率更高、管理流程更短、更具整体效能的过程。这种比较级也是一种差异化,是寻找标杆对比的过程,但只要对比之下有所改善、有所变化,就是一种进步。因此,清洁生产是一个随时间不断持续进步的进程,而不是静止不动的目标,这一点与管理体系所崇尚的 PDCA 循环,以及与工业革命中呈现的技术螺旋上升演化进程不谋而合(张凯等,2005)。

同时,我们也可以体会到清洁生产实际上已经成为人类对技术乐观主义以及重视环保的谨慎主义的综合体,承载了人类对未来经济持续发展的美好愿望,也同时能够兼顾保护生态与环境的态度。

《中华人民共和国清洁生产促进法》对清洁生产做出如下定义:清洁生产,是指不断采取改进设计、使用清洁的能源和原料、采用先进的工艺技术与设备、改善管理、综合利用等措施,从源头削减污染,提高资源利用效率,减少或者避免生产、服务和产品使用过程中污染物的产生和排放,以减轻或者消除对人类健康和环境的危害。

综上所述,清洁生产是一种在生产过程、产品和服务中既满足人类的需要,又合理高效地利用自然资源,追求经济效益最大化和对人类与环境危害最小化的生产方式,主要有以下三个层次的含义。

1)实现资源合理与高效利用:要求投入的原辅材料和能源以最合理、节约、有效的方式,在符合污染物控制标准的条件下,生产出在数量或价值上尽可能高的产品,提供尽可能多的服务。

2)兼顾经济效益:在合理高效利用资源能源的条件下,不断降低制造损耗、提高生产效率和提升产品质量,从而达到降低生产制造成本、提升企业核心竞争力,并协同实现企业经济效益的目的。

3)实现人类健康危害和环境风险最小化:通过最大限度地减少有毒、有害物质的使用,采用无废、低废和少废清洁生产技术和工艺,减少或消除生产过程中的危害因素,回收和循环利用废物,采用可降解材料生产产品和包装,以及通过设计改善与提升产品功能等一系列措施,实现对人类健康危害和环境风险的最小化。

随着社会对创新重要性认知的不断提高,以及信息化及生产技术水平的不断提升,可持续发展这个概念也正在不断被企业界所接受,人类再一次在全世界范围内被动员起来,清洁生产所蕴藏的内涵也正不断地被发掘。

(二)清洁生产审核定义

根据2016年国家发展改革委与环境保护部发布的《清洁生产审核办法》,清洁生产审核是指按照一定程序,对生产和服务过程进行调查和诊断,找出能耗高、物耗高、污染重的原因,提出减少有毒、有害物料的使用、产生,降低能耗、物耗以及废物产生的方案,进而选定技术经济及环境可行的清洁生产方案的过程。

以上定义中的“一定程序”是指:包括审核准备、预审核、审核、方案的产生和筛选、方案的确定、方案的实施、持续清洁生产等环节。

由此可见,清洁生产是清洁生产审核的目标,清洁生产审核是实现节能降耗、减污增效清洁生产目标的手段与具体途径。

我们认为,清洁生产审核机制的设计具有一定的特殊性,其组织开展过程与环境管理体系的预审核阶段极其相似,因此具有管理特性;而中高费方案的开展与实施,又使其具备了技术含量。作为一项兼具管理功能的技术手段,上可承接管理战略,下可融合技术进步,左可推进节能成效,右可落实减排任务。

但目前的清洁生产审核机制更像是一种为企业安排的外来机制,未能充分发挥其预期的作用。因此,清洁生产审核在企业内部如能够长效地发挥其作用,应与企业经营管理相互融合,这样能够发挥其管理与技术特长,为企业节能减排、减污增效发挥机制性作用。

清洁生产审核也是在环评之后企业运营阶段的过程管理工具,随着信息化和污染治理的发展,我们认为在观念上不应仅将清洁生产视为一个工具,而应创新性地将其视为一个持续改进的管理和技术平台(约翰逊,2014),来整合与吸纳各方节能减排、降耗增效的资源、思想和数据,并用开放式创新找到激发偶发连接的平台。

(1)清洁生产是企业管理平台

如果将清洁生产视为一个管理平台来提升企业内部管理效率,则将促进清洁生产与各管理体系相互融合,包括质量管理、环境管理、安全管理等标准化知识能够在此平台上得以发展，与管理咨询相关的敏捷制造、精益制造等理念能够在此平台上得以提升，政府环境管理要求也能够在此平台上得以落地。通过清洁生产平台，能够使传统的生产与环保割裂的局面得以逐步弥合，并浑然一体。

（2）清洁生产是创新萌芽的技术平台

如果将清洁生产视为一个开放式技术平台来推进技术应用，则将使与节能有关的技术，包括新能源应用、节能整体解决方案等，通过合同能源管理的方式在此技术平台上得以实现；且能持续引进与减排相关的技术，包括废水提标改造、废气污染减排、废物减量化等。

清洁生产也应该是一个萌发创新创意的技术平台，也是传统企业的创新实践与转型平台。与实验室不同，企业是生产的第一线，企业生产过程中遇到的问题都是实际需要解决的技术问题，解决这些问题就是解放生产力，也将成为一些传统企业实践创新转型的渠道与途径。企业尤其应关注一些领域的绿色制造工艺技术，比如铸造、热处理、焊接、涂镀等领域的合金钢无氧化清洁热处理、热处理气氛减量化、真空低压渗碳热处理、感应热处理等高效节能热处理工艺，无铅波峰焊接抗氧化、氮气保护无铅再流焊接、高效节材摩擦焊等焊接工艺，绿色化除油、无铅电镀、三价铬电镀、电镀铬替代等清洁涂镀技术，这些技术能够减少废物的产生。再比如生产过程中的短流程、净成形、数字化无模铸造、增材制造、新型防腐蚀等短流程绿色节材工艺技术，以及干式切削加工、低温微量润滑切削加工、铸件余热时效热处理等无废弃物制造技术，这些绿色基础制造技术能够有效地减少生产过程的资源消耗。

同时，清洁生产所蕴含的绿色发展的意义，也使企业需要赋能创新。当今世界并不缺乏解决方案与创意能力，缺乏的是在未知世界里提出新诠释、新愿意的能力（罗伯托·维甘提，2018）。将企业层面的绿色创新提升到意义创新的层次，使我们能够跳出固有的框架，形成观察事物新角度，使绿色创新提升到更高的境界，并激发企业自身的潜能。

另外，研究也表明，一些有新创意的发明家或者科研工作者常并不具有能力真正将其创新成果转化为应用，发明与市场化应用取得成效之间实际上存在着巨大的鸿沟。如果发明仅仅是为了展示发明者的聪明才智，而非以社会存在的问题为出发点，则往往面临着失败。而企业的清洁生产就搭建了一个联结创新思想与技术应用的平台，使实验室的创意能够在实际生产过程中通过解决问题而发挥功效(库恩,2019)。

(3) 清洁生产是数据平台

清洁生产是一个比较级,这种比较需要借助生命周期评估技术,也需要大量数据支撑与反馈,才能从环境友好角度筛选出更为清洁、对环境影响更小的材料、技术、工艺、产品,也才能使政府、社会、公众及消费者作出正确选择。

清洁生产对接了企业的生产过程,其理念对企业生产活动全过程的数据化以及污染物排放、能源消耗的数据化提出了较高的要求。由于技术水平所限,目前清洁生产的数据化水平仍旧停留在长期的静态平衡现状上,随着我国信息化与通信技术水平的提升,以及工业互联网与物联网发展的不断深入,相信今后企业清洁生产数据化图景将逐步向着短期动态化的方向演变。

随着"数据即资产"的理念不断深入,企业必将越来越重视生产数据价值的挖掘与应用。长期以来,原辅材料数据、产品设计数据、生产过程数据及污染物产生数据各自独立运营,形成了天然的"信息孤岛"。而通信技术的不断进步,生成海量数据并借助传输及时性将使产品设计、生产过程与环境保护逐步融合,使原来孤立运营的单元被打通后相互反馈数据资源,同时也为企业与政府管理提供智能化决策依据。

(4) 清洁生产是思想平台

如果将清洁生产视为一个开放式的思想平台,则可以围绕"节能降耗、减污增效"这一主题,通过全员思想碰撞,激发创新活力。企业管理层也可以此为契机构建形成一种环保文化与氛围,塑造环境行为与思想,积聚由量变到质变的创新思想潜势,打造企业软实力。人类最重要的突破来自交叉环境,从企业来讲是各管理过程的交叉领域,设计与生产的交叉、生产与环保的交叉、销售与设计的交叉,创新如同在交叉的边界进行探索,打开一扇又一扇别有洞天的大门。

之所以强调"开放",是因为只有开放式的思想平台,才能够增加不同领域创意之间相互碰撞的机率,才能够提供酝酿创新生长的温床。而人类的行政管理体制具有天生的封闭性,人类学习能力也被人为地划分为不同专业领域,这些都会限制开放性的思想在不同领域中进行流动。因此,企业创新更需要不同专业、不同领域人员思想的交流、互动与碰撞。

企业层面的创新并非从天而降,创新需要实践工具,创新需要环境与氛围,创新需要理念引领,创新也需要应用平台与场景,创新需要管理、技术、思想与数据相互融合。而清洁生产正是这样一个能够为企业内部提供创新思想的工具性平台,积聚创新思想由量变到质变的空间,也是多样性技术应用的场景,甚至提供了节能减排技术的细分市场,虽然在很多人眼中看起来是那么不起眼,甚至是熟视无睹。人类往往更赞叹灵光一现的创新,但如果仔细观察人类科学知识发展与积累的过程就会发现,缓慢孕育的灵感是常规而非例外。

(5) 清洁生产蕴藏新的商业模式

从典型企业生产过程分析来看,一般情况下企业都是上述线性过程,即从产品研发、设计开始,至完成销售进入市场流通环节后结束,产品废弃过程一般交由客户及社会来承担,系统相对是封闭的。

部分生产企业没有产品的设计能力,“怎么生产”由下订单的客户来决定,企业只是按照订单的要求完成产品生产。由于技术手段所限,传统生产过程中,无论在污染治理还是在产品废弃阶段,都没有对前述过程的数据反馈,即使有这种理想中的反馈也仅仅停留在规划或设想阶段。

信息论告诉我们,图 1-1 这种线性的生产过程是充满不确定性的高熵过程,而且隐含着经营风险,这种不确定与风险来自末端污染物排放及对环境影响的数据无法反馈而造成的。要消除这种不确定性,必须使末端数据反馈到生产过程中来,并构建一个充满活力可持续的熵减过程。

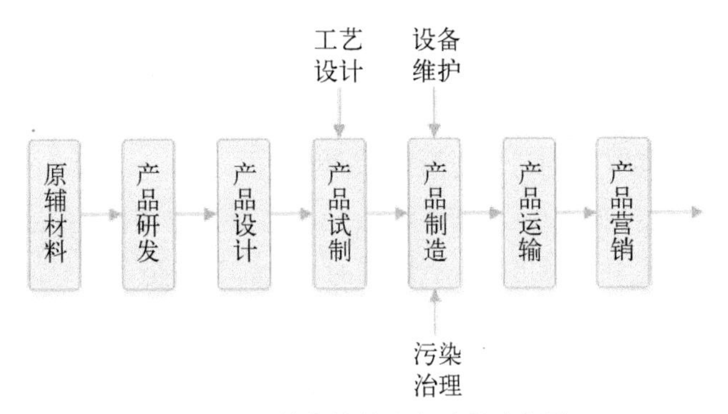

图 1-1 传统线性生产过程示意图

而从清洁生产与循环经济角度来看,企业应该以全生命周期的视角来考察企业产品的可持续性设计,绿色发展视角下的循环型生产过程将会逐步替代传统线性生产过程,无论在污染治理还是在产品废弃阶段,都将对前述过程有不断的数据反馈(图 1-2),以改进原辅材料、产品、服务及过程的质量水平,这种转变无论从理论还是到现实都是不可扭转的趋势。

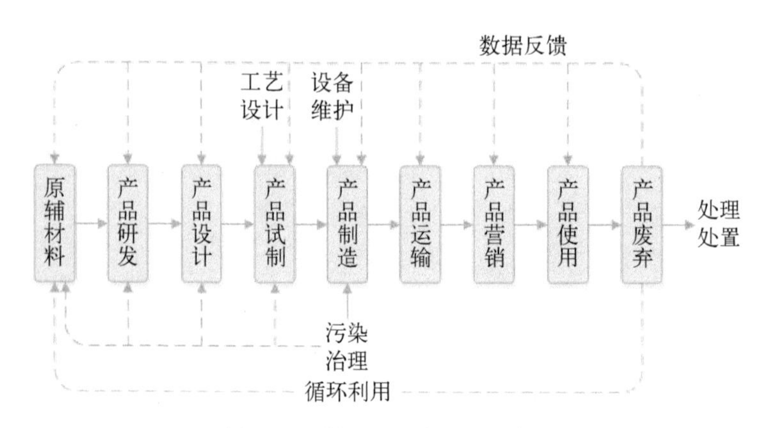

图 1-2　循环型生产过程示意图

随着感应器能力、物联网建设以及通讯技术水平的不断提高，目前阶段污染治理数据及产品废弃数据反馈到前端过程的设想已经有能力落地，甚至可以内嵌到不同生产过程之中，而最为关键的是通过这些海量数据反馈可以解决企业“怎么生产”的重要问题。

对过程的全生命周期考虑，事实上也是人类从生态角度模拟了生物学的思维及行为方式，由传统线性生产过程转换至循环型生产过程，不仅仅是思维方式和生产方式的转变，对企业而言也需要构建新的商业模式，重构现有的市场竞争格局，影响行业发展走向，并开拓未来潜在的蓝海市场。

对于人类历史而言，在技术与数据的有力支持下将真正开启构建一个循环型社会，而非仅仅是在规划与理想层面的产物。

无论是清洁生产还是环境管理体系，前者通过促进法的形式介入企业生产经营活动，而后者更是通过市场及供应链的力量普及于企业管理，两者通过多年的发展与演变，均如基础设施一样存在于企业之中。在企业环境保护领域如果不充分利用上述基础设施，也会如同重复建设一样产生资源浪费。

因此，我们认为相关政府主管部门应重新审视清洁生产在企业中的平台作用，使清洁生产逐步渗透到企业经营的方方面面，以最低成本来影响企业环境行为，同时为企业减轻负担，创造良好的营商环境。

（三）清洁生产评估验收

按照目前的相关管理规定，企业的清洁生产审核效果应由相应的主管部门进行评估验收,清洁生产审核评估验收的结果可作为落后产能界定等工作的参考依据。

对企业实施清洁生产审核评估的重点是对企业清洁生产审核过程的真实性、清洁生产审核报告的规范性以及清洁生产方案的合理性和有效性进行评估。

对企业实施清洁生产审核的效果进行验收,应当包括以下主要内容:

1)企业实施完成清洁生产方案后,污染减排、能源资源利用效率、工艺装备控制、产品和服务等的改进效果,环境、经济效益是否达到预期目标。

2)按照清洁生产评价指标体系,对企业清洁生产水平进行评定。

(四)清洁生产审核实施范围

清洁生产审核分为自愿性审核和强制性审核。

有下列情形之一的企业,应当实施强制性清洁生产审核:① 污染物排放超过国家或者地方规定的排放标准,或者虽未超过国家或者地方规定的排放标准,但超过重点污染物排放总量控制指标的;② 超过单位产品能源消耗限额标准构成高耗能的;③ 使用有毒、有害原料进行生产或者在生产中排放有毒、有害物质的。

其中有毒、有害原料或物质包括以下几类:

第一类,危险废物。包括列入《国家危险废物名录》的危险废物,以及根据国家规定的危险废物鉴别标准和鉴别方法认定的具有危险特性的废物。

第二类,剧毒化学品、列入《重点环境管理危险化学品目录》的化学品,以及含有上述化学品的物质。

第三类,含有铅、汞、镉、铬等重金属和类金属砷的物质。

第四类,《关于持久性有机污染物的斯德哥尔摩公约》附件所列物质。

第五类,其他具有毒性、可能污染环境的物质。

(五)清洁生产审核奖励政策

依据《清洁生产审核办法》第二十八条,对自愿实施清洁生产审核,以及清洁生产方案实施后成效显著的企业,由省级清洁生产综合协调部门和环境保护主管部门、节能主管部门对其进行表彰,并在当地主要媒体上公布。

《清洁生产审核办法》第二十九条规定,各级清洁生产综合协调部门及其他有关部门在制定实施国家重点投资计划和地方投资计划时，应当将企业清洁生产实施方案中的提高能源资源利用效率、预防污染、综合利用等清洁生产项目列为重点领域，加大投资支持力度。

依据《清洁生产促进法》第三十四条，企业开展清洁生产审核和培训的费用，允许列入企业经营成本或者相关费用科目。

由于各地针对清洁生产的奖励政策不同，本书的政策篇中仅展现了上海市清洁生产相关的扶持政策，企业应关注本地的相关政策指引。

（六）清洁生产审核相关处罚

按照《清洁生产促进法》第三十六条：违反本法第十七条第二款规定，未按照规定公布能源消耗或者重点污染物产生、排放情况的，由县级以上地方人民政府负责清洁生产综合协调的部门、环境保护部门按照职责分工责令公布，可以处十万元以下的罚款。

按照《清洁生产促进法》第三十七条：违反本法第二十一条规定，未标注产品材料的成分或者不如实标注的，由县级以上地方人民政府质量技术监督部门责令限期改正；拒不改正的，处以五万元以下的罚款。

按照《清洁生产促进法》第三十八条：违反本法第二十四条第二款规定，生产、销售有毒、有害物质超过国家标准的建筑和装修材料的，依照产品质量法和有关民事、刑事法律的规定，追究行政、民事、刑事法律责任。

按照《清洁生产促进法》第三十九条：违反本法第二十七条第二款、第四款规定，不实施强制性清洁生产审核或者在清洁生产审核中弄虚作假的，或者实施强制性清洁生产审核的企业不报告或者不如实报告审核结果的，由县级以上地方人民政府负责清洁生产综合协调的部门、环境保护部门按照职责分工责令限期改正；拒不改正的，处以五万元以上五十万元以下的罚款。

（七）如何选择清洁生产审核第三方机构

企业如果暂时没有能力自行开展清洁生产审核，可以从以下方面来考虑选择第三方机构，协助自己开展审核工作：

1）机构品牌与市场声誉；

2）机构在该行业开展的业绩；

3）机构专职人员，且具备国家清洁生产审核师资质；

4）适宜的咨询报价。

确保第三方机构派出人员的能力非常重要，是审核质量的重要保障。在合同约定中，还应将审核工作计划及人员要求作为合同附件，明确包括全过程开展工作所需的具体工作人日数及工作周期。但合同内容也不应将清洁生产补贴与合同经费关联。

开展清洁生产审核多年的经验告诉我们，企业一线员工和管理人员，往往才是真正的行业清洁生产审核专家，但他们需要更为宽广的视野，结合审核思路，结合行业发展趋势去观察身边的问题，并提出解决方案。

因此，在清洁生产审核中发挥核心作用的仍然是企业人员，第三方机构在构建团队多样性方面仍需要依托企业技术人员。之所以强调组成团队的多样性，是由于个人的精力与学识都是有限的，而世界又是不断变化的，只有组成多样性团队并合理分工，才能使团队的总体视野高于个人视野之和。同时，思考专业领域问题的解决方案总是令人费神，跨领域互动更是难上加难，组成多样化专业团队也是要解决单一团队的群体思考阻力与惰性问题。

尽管每个人都明白，要在问题发生之前找到潜在问题并采取措施，常规的管理理论也如此教导我们。但在实际开展审核过程中，由企业自身开展清洁生产审核找出问题似乎要比由第三方机构开展审核难。问题在于，在任何企业中都存在隐形的文化壁垒和障碍，谁都不愿意承认潜在问题的存在，没有人愿意在还没有发生的问题上花过多的精力。而第三方机构如果能充分认识到这一点，就能够有效回避上述陷阱，从而发挥其在审核过程中桥梁与沟通作用，使企业人员能够投入到审核过程中来，就能够展现出第三方机构的价值。

（八）清洁生产审核思路

开展清洁生产审核，其目的是评估企业生产过程的能耗高、物耗高、污染重等问题，并分析问题产生的原因，从而提出切实可行的方案，并对这些问题采取有效措施予以解决。

与这些市场上活跃的咨询品种不同的是，清洁生产审核几乎是唯一有明确法律规定的咨询手段，并兼具管理与技术改进的咨询工作。同时，也是环评之后，涉及企业过程管理的有效手段。如何充分利用好清洁生产这一措施，而不仅仅是法律强制要求，使清洁生产更好地为企业经营服务，不只是企业，也是第三方审核机构以及政府主管部门值得思考的问题。除了将其定位于为企业节能降耗、减污增效的手段之外，更应将其视为兼具管理与技术的平台，来整合与吸纳周边资源。

清洁生产审核的总体思路遵循了问题导向的原则：判断问题发生的环节，分析问题的产生原因，提出对策措施与解决方案，见图 1－3。

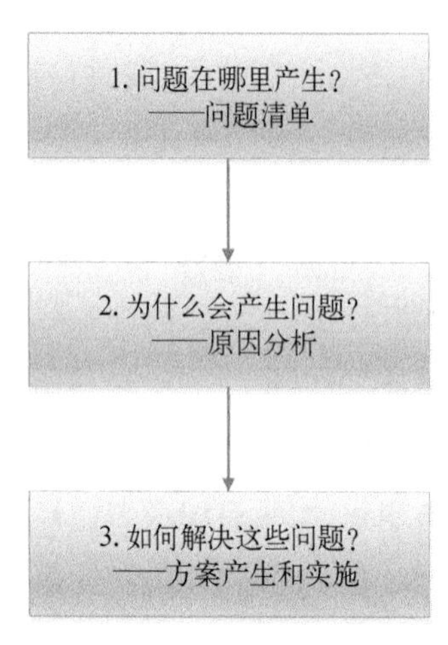

图 1－3 清洁生产审核思路框图

1. 问题在哪里产生？

通过现场调查、物质流分析、能量流分析等找出问题的产生部位，可行时予以量化，这里的“问题”指企业能耗高、物耗高、污染重、使用或产生排放有毒、有害物质以及效率低下等方面的问题。正确地定义问题，是后续有效解决问题的开始。

问题通常情况下意味着错误，而错误往往意味着责任。没有人想成为问题的源头，也没有人愿意成为错误的责任者。有时看得见的问题未必一定是最重要最关键的问题，那些由于害怕承担责任而被隐藏起来无法看见和看清的问题可能才是最致命的问题。

因此，清洁生产开展过程中除了准确地定义问题，也要正确地对待发现的问题。正确的想法会使你停在原地，而错误的想法会迫使你去探索，如果换一个角度看待问题与错误，可能会减少对发现问题的阻力，而激发改进问题的动力。本杰明.富兰克林曾说过：“在综合考虑所有因素的情况下，人类的错误史也许要比那些发明更有价值、更有趣。真理是千篇一律的，它一直存在，似乎并不需要那么多积极的能量，即使这么被动也能遇见。然而，错误却是变幻莫测的。”

2. 为什么会产生问题？

人类社会的运行与发展往往取决于综合因素，很多情况会随环境的变化而发生变化，尤其在技术飞速发展的当下，人类所形成的行为特征及对应的知识结构必须适应调整。但人类认知往往无法及时跟上外围环境的变化，需要不断地通过固化已有知识来确认这些变化已被识别并被管理。但往往这些固化的知识与实际情况的快速变化之间存在偏离，从而引发问题的产生。比如市场及消费者需求发生变化了，但产品性能标准无法及时跟上；比如法律法规要求变化了，但企业内部管理反应迟钝；比如原辅材料性质与数量发生变化了，而污染物治理设施处理能力没有及时跟上;再比如产生废物量发生显著变化了,对应贮存条件却无法改善;等等。

企业生产过程一般可用图 1-4 简单地表示出来。清洁生产审核上述思路与当前企业管理的众多方法,如麦肯锡工作法、六西格玛管理等,有一脉相承的趋势,都是遵循着发现问题、分析原因并提出对策措施予以落实的模式。

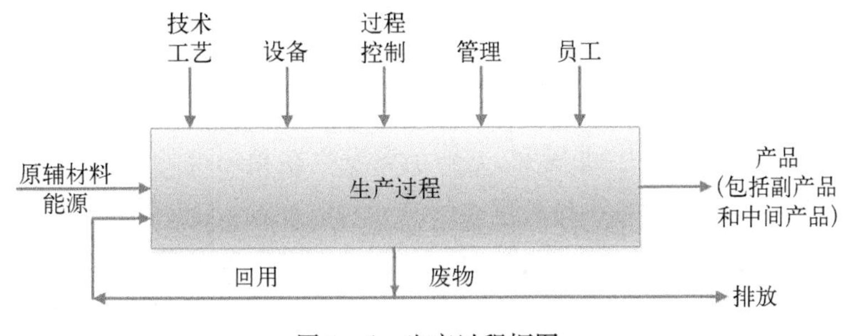

图 1-4 生产过程框图

通常在分析问题的原因时,一个问题往往会由多个原因引起,但是人们总是倾向于寻找一个单一的根本原因,一个直接导致后果的起因,或者是导致问题发生的系列事件的最初起因(约翰·斯达克,2017)。人们总是希望当确定了这一个起因之后,就可以掌控全过程,然后就很容易明确需要采取的措施,预防事件的再次发生。

在范围有限、相对封闭的系统中,寻找单一根本原因的方法会较为有效。但是,在多种活动并行且相互影响的环境中,或者在开放性复杂系统中,问题通常不只一个起因,而是由相互联系的网络作用造成的。如果想预防此类事件再次发生,必须围绕着过程展开全面分析,实质也就是系统思维的表现。企业管理中,无论是设备维护的 TPM,还是全面质量管理的 TQM,或是产品的全生命周期管理,也无一不体现着系统思维的视角。

但是真要想在问题发生之前找出潜在问题并且采取预防措施,在实际企业管理过程中并不简单。很多企业中都存在文化壁垒和隐形障碍,即不愿意承认潜在问题的存在。因为没有人愿意在还没有发生的问题上花过多的精力,或者主动地去承揽责任,常常可以看到相互之间推卸责任,这也是企业官僚主义最典型的体现。

企业的技术和管理人员本身也不想过多关注潜在问题,因为他们不想被看作是某个问题的起源或者原因,或者被视为一个麻烦制造者。但企业最高管理者应该明白只有发现问题,准确地定义问题,才是解决问题的起源,因此营造发现问题的文化,视问题为改进潜力与机会至关重要,问题其实是创新的起点,人为地扼杀问题也可能扼杀创新本身。

从图 1-2 所示生产过程可以看出,对问题的产生原因分析主要从八个方面进行。在实际生产过程中,这八个方面的每个方面都可以单独构成一门管理科学来进行专门的分析,因此开展原因分析时,每个常年涉及该领域的业务部门都应该派员积极参与。有时在共同实施原因分析的同时,实际上针对问题的方案已经开始逐步成形。

《伟大创意的诞生》中也提到,创新创意发生在相邻可能中,而生产过程中上述八个方面即定义了问题与改进领域的八种可能性,为创新创意的发生提供了扩展边界与探索方向(约翰逊,2014)。尽管变革性的发现和发明以及改进往往需要一定时间才能出现,并经历数月甚至数年才能最终成熟,但在艰苦努力之后的反复练习是必不可少的(凯斯·索耶,2014),这也同样适用于企业清洁生产工作。

由图 1-2 也可以看出,与其他更从政府视角出发的环保管理工具不同,清洁生产的八个方面与企业的生产过程密切相关,清洁生产这一管理工具与企业管理有较高的契合度,这也意味着清洁生产使用的语言比其他环保管理工具更通俗,更易为企业理解。

从重要性而言,原辅材料及产品对环境的影响更具决定性和颠覆性,实现的难度也更具挑战性,往往属于创新性的改进。因此当产品与原辅材料确定后,后续配套的技术工艺、设备、过程控制、管理等因素由于在其制约下,能够实现的改进程度有限,属于存量型的改进。

(1) 原辅材料和能源

相关研究表明,产品对环境的影响 90%是由设计阶段决定的,而设计阶段最核心部分内容就是选择原辅材料(乔伊纳德,2014)。原材料和辅助材料本身所具有的特性,如毒性、难降解性等,在一定程度上决定了产品及其生产过程对环境的危害程度,甚至会延伸到产品的流通环节。

选择对环境无害的原辅材料是清洁生产所要考虑的重要方面,事实上原辅材料的不断改进才是真正的源头减量与减废。但改变原材料并不是一件简单的事情,一般情况下改变辅料会容易得多,而改变原料几乎就是对产品的重新设计,这往往会涉及消费市场与客户的需求,也涉及后续的技术、工艺与设备,相当于涉及一个开放的复杂系统。涉及原辅材料改变的中/高费方案往往时间也较长，一般情况下从开始设想到方案实施完毕，甚至经常需要两年多的时间。

除非证明原辅材料中使用了有毒、有害物质，一般情况下改变原辅材料这一选项在清洁生产审核中的比例相对较低，但其重要性在八个方面确实属于首要因素。

同样，作为生产过程必需的动力能源，有的能源（如煤、石油等）在使用过程中直接产生污染物，而有的则间接地产生污染物，如电的使用本身不产生污染物，但火电等在生产过程会产生一定的污染物。因而节约能源、使用可再生能源和清洁能源也将有利于减少污染物的产生。

（2）产品

产品的技术指标要求决定了生产过程，产品性能、种类和结构等条件的变化往往要求后续生产过程做出相应的改变和调整，同时也会影响到能源和水的消耗、物料使用及污染物的产生。因此，产品对环境的影响 90%是由设计阶段决定的，往往需要通过生命周期评价来判定其影响程度。如果企业产品种类众多，建议重点选择占销售 80%的比例产品来实施该评价（乔伊纳德等，2014）。

做好产品前期市场调研，优化产品设计指标，舍弃无关的技术性能，简化产品使用功能，可能会起到出其不意的市场效果。史蒂夫.乔布斯是产品实践简化主义理念的大师，当其他公司不断增添各种花哨功能把产品越做越复杂时，苹果公司却通过对产品精简和优化来充分满足用户的需求——用一个按键取代三个按键，用简单易懂的图标代替专业术语（艾伦·西格尔等，2018）。

另外产品的包装、体积等也会对生产、使用及其流通过程造成影响。因此，具备条件时如能开展对产品的全生命周期评价并实施生态设计，对于企业清洁生产也起着举足轻重的作用。

对产品进行生命周期评估，了解目前产品管理不同策略可能对成本与效益产生显著的影响。比如通过将传统型的产品失去功能即废弃的线性模式，改为回收型、再利用型及维修型的循环模式，使企业从售后服务获得部分盈利，同时降低产品对环境的影响。

产品生命周期的可持续设计必须与经济影响和环境影响的可持续评价相结合。根据研究和工业实践经验总结，在生产开发初期只进行一次产品生命周期评价是不充分的，在漫长的产品生命周期中发生变化的可能性很大。只有将生命周期的理念介入产品生命各阶段，通过海量数据进行连续规划，才能使产品生命周期持续实现优化。

实践经验也表明，在产品设计阶段，环保专业人员能起到的作用仅限对产品的生命周期影响进行评价并反馈其结果，来引导产品设计的取向。具体采取何种产品设计方案、选择何种原辅材料及技术工艺路线依然取决于产品设计人员的思维方式。因此，产品设计的最佳方式还是组成多样性的团队来思考，这样才能更加全面与平衡地考虑到各种因素，形成经济利益与环境效益的最大公约数。

相对于企业的生产过程而言，企业产品设计与市场需求直接面对的是社会的开放性复杂系统，这类系统的改进如何使企业通过产品获得盈利与市场份额，比起仅仅针对生产过程的改进要复杂得多，所需要的时间也长得多。在实际清洁生产审核过程，通过产品及原辅材料改进来短期获得的清洁生产效益比较少，但这种方式却是真正的源头改进。

虽然对"环保"是否可以形成竞争差异性仍有争议，但从产品营销角度来讲，产品的环保属性，尤其健康第一的概念往往是企业在与对手竞争中显示其"与众不同"的生存之道，关键在于"环保"属性能够让消费者关心，环保属性的信息是否可信以及竞争对手是否能够模仿。许多行业巨头都是通过细小的差异化逐渐与竞争对手形成鸿沟般的市场优势（特劳特等，2011）。

产品是八个方面中唯一与外部市场直接发生联系的环节，传统的企业发展只要提供资源实现规模化生产就可以取得利润，但现在情况发生了较大的改变，产品是否受欢迎、是否有市场，直接关系到企业的经营绩效。而企业的绩效又关系着企业今后持续对自身行为改进的动力和引擎（克雷纳等，2017）。

在产品环节应该强调重视产品设计。随着大规模工业化时代成为过去式，大量生产市场不需要的产品只能产生大规模的浪费，市场越来越需要个性化并且让人眼前一亮的产品。对于产品而言，参与市场竞争不仅是控制成本单一要素，需要设计师参与产品全生命周期设计出符合市场预期的产品，其中绿色环保低碳就是产品竞争力的一部分。随着时代的进步，产品设计所产生的价值越来越深入人心。

企业的产品是否属于高污染、高环境风险，可以对比生态环境部定期发布的《环境保护综合名录》，这相当于一个负面清单，有助于审核机构与企业识别与确定产品是否存在高污染与高环境风险的特性。

（3）技术工艺

企业生产过程的技术工艺一旦确定，在特定产能下基本决定了后续生产过程的能源消耗量、物料使用量、水的消耗及污染物的产生量和状态。因此,特定工艺条件下,能耗、物耗、水耗及污染物排放与产能形成了一定的相关属性。

如果把技术工艺视为一个生命体,通过海量数据,可以发现特定规格的产品,其能耗、物耗、水耗及污染物排放,在规定的作业条件下会呈现一种数据逻辑关系,可能是线性相关,也可能是聚类相关。这需要通过细致深入的清洁生产审核,甚至借助先进的信息化技术将这种相关性挖掘出来。

当然,随着生产设备的折旧,其生产效率也存在着递减效应,这也会影响能耗、物耗及污染物排放基数。在信息技术不发达的条件下,对不同产能、不同规格产品的产污情况进行分析评估是一件费时费力而且未必有效的工作,但随着大数据、人工智能等技术向工业领域的逐步渗透,相信技术工艺与产排污之间的关系不再是当前模糊不可辨的现状。

对于部分企业生产工艺的认定,建议对比生态环境部定期发布的《环境保护综合名录》,并结合自身产品识别与确定出生产工艺的水平。通过国家发改委与生态环境部定期发布的《国家重点行业清洁生产技术导向目录》,可以对企业现有的生产工艺与技术予以对照评估。

技术工艺是上述能耗、物耗、水耗及污染物排放的重要变量,通过引进先进的生产技术改变这个变量,可以提高原材料和能源的利用效率,从而减少能源和水的消耗量、物料的使用量及污染物的产生量。结合技术改造预防污染是实现清洁生产的一条重要途径。

但对于新技术的应用也要有正确的认知,往往最新技术并不意味着最佳的效果,即使目前炙手可热的人工智能技术其实在 20 世纪 50 年代就已经被提出了,在 20 世纪 80 年代形成了第二次热潮,直到现在周边配套资源(如感应器及信息储存技术)逐步成熟后才形成了如今大规模应用的可能性。斯坦福大学人工智能专家、作家杰瑞.卡普兰认为,随着人工智能的普及,今后社会趋势的变化使未来更像过去。过去工业化分工与精细化形成了不同领域的细分装备与技术,而今后人工智能时代将由一个机器集成类似的功能来替代不同的装备。信息化技术的不断迭代升级也将为清洁生产带来全新的理念(杰瑞·卡普兰,2016)。

(4) 设备

设备作为技术工艺的载体,在生产过程中具有重要作用,设备的适用性、能耗水平及其维护、保养情况等均会影响到企业的能源和水的消耗、物料的使用及污染物的产生。

从设备管理上，应引进与TPM理念相同的管理方式，通过严格的设备管理，查找污染源、危险源、浪费源、故障源和缺陷源。TPM全员生产维护是日本在20世纪70年代提出的全员参与的生产维护方式，目标是致力于设备综合效率最大化，以减少与设备相关的停机时间损失、闲置空转损失、速度降低损失、缺陷损失以及产量损失等。

TPM活动也要求建立自主管理体制和改善提案活动，包括宣传改善、展开评比、效果核算、奖励等机制，与清洁生产完全可以相互融合。与设备管理密切相关的“5S”管理，即设备整理、设备整顿、设备清扫、设备清洁与员工素养，也与TPM及清洁生产理念一脉相承。

从设备技术上，随着工业4.0理念的发展，生产制造设备信息化和先进程度不断提升，物联网设备、3D打印设备、机器人、模拟技术、激光技术设备等新型生产设备普及应用，使生产制造的精细化和柔性功能不断增加，减少了大量共性规模化生产的浪费与消耗，也使生产制造模式由集中控制的规模化生产逐步向分散控制的个性化生产模式转变，部分设备及部件也由原来的一次性使用报废逐步形成了再制造的理念，同时也延长了生产装备的使用寿命。

另外，针对设备维护的方式主要有三种，分别是事后维修（出故障后进行修理）、预防性维修（确定每个零件的耐用时间和使用寿命后，即便没有故障也进行零件更换）和预见性维修（出现故障的征兆时就采取对策）（岛崎浩一，2018）。随着物联网技术的应用，对设备进行预见性维修的可能性越来越大，这在设备管理中是一种最经济合理的方法。

（5）过程控制

过程控制对许多生产过程是极为重要的，例如化工、炼油及其他类似的生产过程，反应参数是否处于受控状态并达到优化水平（或工艺要求），对产品的得率和优质品的得率具有直接影响，因而也就影响到能源和水的消耗量、物料使用量及污染物产生量。

随着大数据应用的普及，过程控制将提供生产活动的海量数据，在工业4.0的环境下（刘士军等，2016），对不同数据源的设备和系统进行收集和分析将成为未来企业进行实时决策的标准配备，也有利于对设备状况及能耗物耗数据进行动态监控与预测，并对设备及时采取预防性维修。麦肯锡的研究报告指出，通过大数据及其分析手段，针对管理与合规性相关的参数进行分析，可以帮助管理人员获得对整体生产活动更加深刻的理解。

与原辅材料的质量控制不同,原辅材料由于来料有一定的纯度,其检测方法属于标准化管理范畴,而过程控制产生污染物的精细化控制水平则取决于检测与感应装备的水平。生产过程中产生的污染物是由各种原辅材料混合而成的,因此对其所含各种成分进行精细检测的难度比检测单一的原辅材料要大。现有的检测与感应技术尚无法对所有的物质流完全进行实时监测,部分污染物指标仍需依托人工检测手段来实施,在某种程度上也限制了对过程控制所产生污染物进行实时动态检测的响应度。

(6) 废物

废物本身所具有的特性和所处的状态直接关系到它是否可现场回用和循环利用,同时影响到末端治理的难度和处理成本。因此,只有当"废物"离开生产过程后才被称为废物,否则仍为生产过程中的有使用价值的材料和物资。

关于固体废物的鉴别可以依据2017年10月发布的《固体废物鉴别标准通则》来判定,同时依据其相关规定,以下情况不被视为固体废物进行管理,即任何不需要修复和加工即可用于其原始用途的物质,或者在产生点经过修复和加工后满足国家、地方或行业通行的产品质量标准并且用于其原始用途的物质,不经过贮存或堆积过程、而在现场直接返回到原生产过程或返回其产生过程的物质。其中要注意企业产品标准已不被视为上述产品可接受的标准。

因此,对于某些固体废物,如可以在企业产废地点进行修复和加工后能够返回企业生产过程的,将提高企业生产效率与原辅材料利用率,也直接降低产废量及处理成本。当然,该过程需要履行必要的环评手续。

(7) 管理

企业管理中有一个误区,就是重视设备并不重视管理,这对管理造成了严重的伤害。但加强管理是企业发展的永恒主题,企业管理的基础是制度,但并非所有的制度都能够起到积极的一面。好的管理制度能够充分调动员工与管理层的积极性,能够真正起到达成共识、激励人心、积极投入的效果。反之由于制度的刚性,差的管理制度只能形成教条、抑制和离心的反作用力,清洁生产中差的制度反而是造成浪费的原因,这也是制度需要不断与时俱进的原因。

生产管理上的任何松懈均可能会严重影响到企业能源和水的消耗、物料的使用及污染物的产生。清洁生产审核所涉及的管理范围很广,包括产品管理、生产管理、质量管理、环境管理、安全管理、设备管理、能源管理、信息化管理以及绩效考核制度等。

在管理机制中，构建一个定期获取环境保护与清洁生产法律法规、标准及技术规范的机制与程序也非常重要，企业应自身具备这样的机制与途径，来定期跟踪法律法规、标准及技术规范要求的变化，与清洁生产指标体系进行对标，形成对标机制，从而为发现差距、寻找改善潜力打好基础。

随着国际标准化组织对质量管理、环境管理、能源管理及安全管理国际标准框架的逐步统一，这些管理领域将遵循统一的管理原则与架构，也为管理领域之间相互融合作好的铺垫，简化管理流程、降低时间成本、提升管理效能应该是清洁生产审核中值得重视的领域。

时间本身应该是非常重要的资源，企业经营讲究控制成本，减少成本，但在不少企业的管理中实际上对时间成本并没有非常重视。往往我们重视节约原辅材料、重构工艺流程提升产能，但从来没有意识到冗长的管理文件其实也是潜在的成本因素。厚重的管理文件其实所占用的就是宝贵的时间成本，而随着人力成本日渐成为企业的主要成本之一，从管理角度而言，时间成本越来越不能被忽视。管理的改变几乎可以视为零成本改变，重视管理变革将给企业带来潜力无穷的收益。但管理角度的改变又是最难的，因为可能会触及现有利益格局的调整以及人类天生的惰性。研究业绩突出的企业发现，管理创新是一个非常重要但又容易被忽略的因素。

随着产品化进程的加速，仅依靠销售产品获取利润已经十分困难。当前企业界倾向不仅销售产品，同时还销售与产品相关的服务，形成了制造业服务的倾向，这也是值得关注的动向。

生产管理上另一种趋势也值得重视，随着物联网技术的逐渐普及。一些大企业越来越倾向将配套的零件生产工序交由更多的合作企业来完成，以简化生产与管理流程，缩短交货周期。但由于各下游合作企业都有专属技术，在管理上很难实现理想中的一体化。在日本很多中小企业决定植入物联网技术，实现相互之间的信息共享，即使合作企业数量众多，也能够像一个整体一样来进行生产管理和质量控制。这种管理模式将企业制造资源与物联网形成了纵向集成，并在供应链系统上形成了横向集成。简单地讲，形成了生产线的共享，生产资源不再是企业内部的资源而是社会资源了（岛崎浩一，2018）。那么，在这种场景下，大企业更应该选择生产效率高、对环境影响小的中小企业来合作，而中小企业而应该拿出甚至公示自身单位产品能耗、物耗及污染物排放水平，来接受大企业的选择以及社会公众的监督。

(8) 员工

西奥多·舒尔茨、雅各布·明瑟和加里·贝克尔教授曾在研究为什么有的国家变得富有这一问题时提出,这是因为这些国家建立起了人力资本:才能、知识和技能的积累共同创造了经济价值。而一系列研究表明,人力资本的投资回报远远超过物质资本的投资回报(阿姆农·弗伦克尔,2017)。而提升员工能力并投资于员工,就是在投资企业的人力资本,有的企业甚至与前员工也保持了良好的互动关系,并且促进了业务网络的不断拓展。

企业管理中另一个误区是重视技术的先进性而不重视人。任何生产过程,无论自动化程度多高,从广义上讲均需要人的参与。即使在信息化、自动化及智能化水平逐步提高的未来,仍需要人来参与决策。因而员工素质的提高及对其积极性的激励也是有效控制生产过程、能源与水的消耗、物料使用及污染物产生的重要因素。同时,员工所关注的生产过程的职业健康因素,也应在清洁生产审核过程中予以考虑。

激发员工的积极性说起来容易,但做起来并不容易,管理科学对于以奖金为目标来调动积极性的成效颇有争议。单纯以奖金为导向来调动积极性,会存在边际效应递减的现象,而且到一定程度上,反而会起到反作用。企业给予员工以内驱力使其主动投入到工作中来才是真正的目的,从另一个层面来讲,员工是参与上述所有过程的主要因素,即使今后趋向应用大数据与人工智能来替代标准化生产提高效率,但人在生产过程中与外部环保法律法规、标准与规范的协调与决策作用仍然是无可替代的。

每个人都有思想,都有被改变的可能,如果企业能够给予每一名员工更大的自由度和成长空间,团队就有能力容纳海量的员工,而这将是整个组织变革的开始。

以上从八个方面来分析问题展示了系统性思维的特点,这八个方面的划分各有侧重点但并非绝对独立,也存在相辅相成和交叉渗透的情况,如原辅材料与产品有关,也可能与废物产生情况有关;设备工艺水平与技术有关,也可能与员工及管理有关。

因此,对于每一类问题都要从以上八个方面进行原因分析,这并非表明每类现实中的问题都存在这八个方面的原因,可能是其中的一个或几个方面比较突出。从八个方面来全面分析就是为了全方位、尽可能地挖掘与发现清洁生产的改进潜力与机会。

3. 如何解决这些问题?

针对每种类型问题产生的原因,需要考虑相应的对策措施——清洁生产方案,包括投入较低甚至没有投入的方案(即无/低费清洁生产方案)和投入较高的方案(即中/高费清洁生产方案)。

解决问题的清洁生产方案可以是一个或者多个,而造成问题的原因在实际过程中也有一个或者多个,或者根本就是复杂的系统化的原因。清洁生产就是通过从不同的角度实施方案来系统化地来消除造成问题的根本原因,从而力图达到从根本上解决问题的目的,虽然在现实的生产条件下,实现该目标仍会遇到很大的困难。

解决问题需要团队合作,包括企业内部各部门团队、外部技术供应商团队、第三方咨询机构团队等。当今社会存在的各类问题,都越发呈现跨领域特征,也更加需要多领域多视角的专家与成员参与到问题的解决过程中来。

解决问题需要耐心与韧性,也需要策略。问题需要分轻重缓急,有一些问题属于关键性、底线性问题,必须解决;而有一些问题属于锦上添花性质,分清问题的轻重缓急,有利于企业分配好手中有限的资源。

五、清洁生产审核与管理体系的关系

(一) 政策需求与目标实现的一致性

首先,《清洁生产促进法》明确要求:企业应当对生产和服务过程中的资源消耗以及废物的产生情况进行监测,并根据需要对生产和服务实施清洁生产审核。

有下列情形之一的企业,应当实施强制性清洁生产审核:

1) 污染物排放超过国家或者地方规定的排放标准,或者虽未超过国家或者地方规定的排放标准,但超过重点污染物排放总量控制指标的;

2) 超过单位产品能源消耗限额标准构成高耗能的;

3) 使用有毒、有害原料进行生产或者在生产中排放有毒、有害物质的。

对于清洁生产与企业环境管理的相互结合,《清洁生产促进法》也规定:企业可以根据自愿原则,按照国家有关环境管理体系等认证的规定,向国家认证认可监督管理部门授权的认证机构提出认证申请,通过环境管理体系认证,提高清洁生产水平。同时,生态环境部及上海市环保局在清洁生产评估验收规范中,均明确要求企业应将清洁生产相关工作与自身的管理体系相融合。

在宏观经济形势与企业可持续发展新常态的大背景下，推进清洁生产和实现“节能降耗、减污增效”的总体目标，在建立环境和能源管理体系的政策需求与目标实现上是一致的。深入推进《清洁生产促进法》，能够为企业实施环境与能源管理体系提供明确的政策需求与市场机遇；反过来，管理体系的实施亦为清洁生产目标的实现提供了相应的管理工具及具体的实现途径。

（二）管理体系是清洁生产的保障

首先，在推行清洁生产的过程中，包括七大阶段与步骤，即审核准备、预审核、审核、实施方案的产生和筛选、实施方案确定以及编制清洁生产审核报告。

通过上述程序，旨在发现企业生产过程中能耗高、物耗高和污染重的环节，并通过无/低费和中/高费方案的实施，持续改善这些环节，进而实现逐步改善环境的目标。这表明清洁生产不仅侧重于通过技术方案来改进企业目前存在的环境问题，同时也表明它与环境和能源管理体系的相关要素具有相似性和互补性（图1-5）。显然，开展并且运行良好的环境和能源管理体系，是确保清洁生产实施、实现污染减排的重要制度保障。

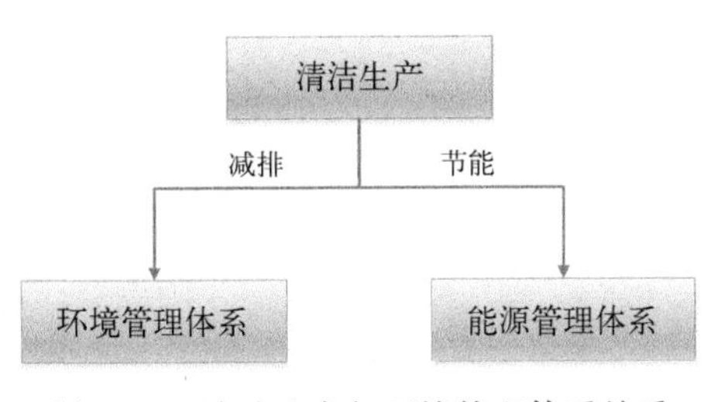

图1-5　清洁生产与环境管理体系关系

另外，上海市历年重点企业推行清洁生产审核的相关调查表明，重点企业中已实施环境管理体系的比例为25%左右，仍有相当一部分企业尚未建立环境和能源管理体系，这是其一。其二，已经建立环境和能源管理体系的企业，其推行清洁生产的阻力与管理难度，明显小于未建立环境管理体系的企业。这是因为具备较为完善环境和能源管理体系的企业，不仅具有基本的环境理念，往往能够在资源配置方面提供更充分的人力、财力和物力，从而为清洁生产的顺利开展与深入推行，给予良好的系统化制度保障与基础。

（三）持续改进机制的一致性

无论清洁生产审核还是环境管理体系都强调持续改进，而持续改进事实上在管理学界也基本达成共识，基于同样简单的PDCA循环。那为什么这种简单的机制可以成为统一的认识呢？

从系统论角度来看，系统所具备的使其自身结构更为复杂化的能力，被称为"自组织"。现代科学证明，自组织系统可以产生自一些简单规则，衍生出多种多样的技术成果、物理结构、组织和文化。比如，一个等边三角形，在每一条边的中间增加另外一个等边三角形，其面积是前者的三分之一，依此类推，得到的图形被称为"科赫雪花"（图1－6）。这为简单规则为什么最终会生成复杂形态提供了理论依据。驱动我们计算机的最简单代码就是0和1，却最终通过各方位的自组织形态组成了全球互联的网络世界。

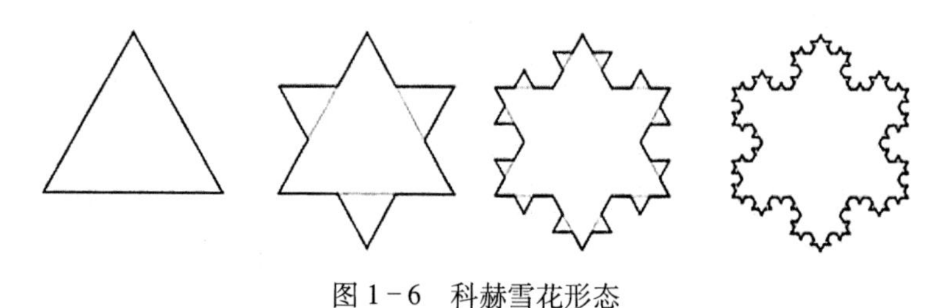

图1－6　科赫雪花形态

从系统论出发看待管理体系，其强调PDCA循环可以视为是一种模仿"科赫雪花"的自组织形态，规则简单，但不断地由个体在组织系统内部不同方面（从清洁生产角度是八个方面）自我复制、自我提升，从而实现整体的持续改进，形成一种系统化的良性循环（图1－7）。简单的往往就是有效的，好的方法有时很简单，难就难在执行和持之以恒的坚持，但人类往往对简单的方法不屑一顾，而极力追求复杂以寻求安全感。

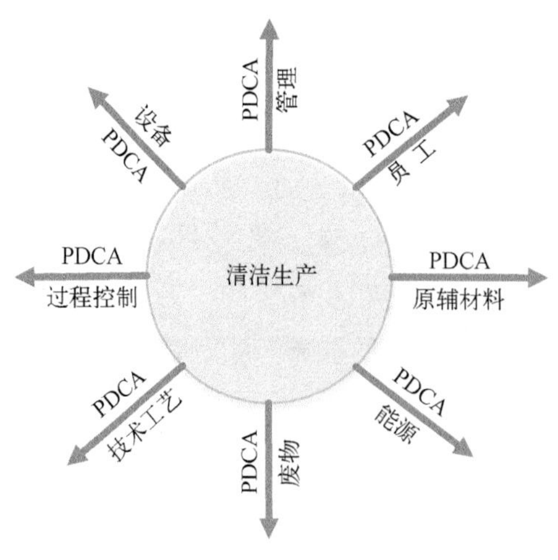

图1－7　清洁生产八个方面与PDCA关系图

因此，PDCA循环已经证明在管理领域是一种值得借力的机制，在企业环境管理领域中，完全也可以借助这种机制，通过结合清洁生产审核、合理化建议等途径，逐步累积形成企业自身的环境绩效数据，并推动其自我改进与提升。这种机制是企业在向不同方向上创新的基础代码与基因，推动着企业在不同方向上改进，由微小进步累积量变而催生质变创新。

之所以强调与PDCA这一机制结合，另一个原因是人类认知系统一旦形成范式，就可能束缚人类的想象力，变得按部就班，而通过 PDCA 就可以促成范式转移，打破原有的束缚，充分发挥创造力，这种循序渐进的威力不容小觑。

（四）清洁生产与管理体系整合

1）能源和环境管理体系在要素与要求方面的相似性（周铭，2019），决定了这两大管理体系具备整合的可行性。

由于能源管理体系和环境管理体系的大部分要素有着高度的相似，尤其是环境管理体系在实施过程中，实际上也已经充分考虑了部分的能源因素，包括部分的目标指标与管理方案内容也涉及节能降耗，如大多数企业在建立环境管理体系时，大都将能源管理部门及其职能人员作为该体系的重要内容予以纳入。因此，对于已经建立环境管理体系的企业而言，将现有体系管理范围有机地延伸或拓展至能源管理环节，并进行相应的系统化、结构化管理乃至持续改进，这在管理机制和操作层面上不会明显增加难度。

2）《可操作的转型》一书提供了美的集团成功转型的典型案例，美的集团围绕着“产品领先、效率驱动和全球经营”的方针，对集团基础信息平台提出“一个美的、一个体系、一个标准”数字化智能制造建设要求，以“632 信息化提升项目”为抓手，将 6 大运营系统（PLM、ERP、APS、MES、SRM、CRM）、3 大管理平台（BI、FMS、HRMS）、2 大技术平台（MIP、MDP）等十余个子项目集成构造集团信息平台，并融合了 KPI 考核要求，实现生产制造信息化与精益化。当产业链上信息系统全面集成、系统整合之后，就可以形成一条连接市场最终客户、制造业内部各部门以及上下游各方的实时协同供应链。

虽然在该案例中没有提到环境保护的具体内容，但按其思路可以设想，为生产服务的动态化污染治理数据只要条件成熟就会接入美的集团的整体运营体系，这样该集团的资金、物料、污染物及供应链的全貌将一览无余，并动态地展现在各级管理层面前，这才是企业管理所追求的目标。

3）能源管理体系与环境管理体系的终极目标与清洁生产的实施具有一致性，决定了两大管理体系可以成为实现“节能降耗、减污增效”清洁生产目标的管理工具与抓手。

首先，作为企业自我管理的一种方式，环境管理体系的实施，是通过将环境因素纳入 PDCA 管理模式，以规范组织环境行为，减少人类对各项活动所造成的环境污染；而能源管理体系的实施则是通过将能源因素纳入 PDCA 管理模式，以降低组织的能源消耗，提高能源利用效率。显然，这两大管理体系实施的最终目标，即实现最大限度地节省资源、改善环境质量，保持环境与经济发展协调，这与《清洁生产促进法》所提倡的“提高资源利用效率，减少和避免污染物的产生，保护和改善环境，保障人体健康，促进经济与社会可持续发展”也是完全一致的。

其次，由于《清洁生产促进法》对重点企业而言具有强制性，因此两大管理体系的实施，可以将清洁生产审核融入企业的生产管理活动并逐步规范其管理行为，使之成为重点企业清洁生产的管理工具。进而形成具有中国特色的节能减排机制的两大重要抓手，既使政府管理要求与企业自我管理模式有效对接，又使清洁生产侧重技术改进要求与体系管理要求有效融合。在实现企业“节能降耗、减污增效”终极目标的同时，也相应间接地降低政府的监管成本，提高全社会的整体管理效率。

4）广泛开展能源管理体系工作，将为企业能源管理、温室气体减排和清洁生产的整合探索合适的路径。

近年来，伴随着温室气体减排有关的碳审计、低碳认证等工作的方兴未艾。能源管理领域作为碳减排工作的重要组成部分，其重要意义是不言而喻的。因此，在现阶段可以尝试通过能源管理体系广泛实施，寻找环境和能源管理体系、清洁生产及碳减排等相关新兴领域的结合点，并形成合适的综合性运行模式。一方面有利于管理体系认证的推广，另一方面也有利于企业降低运营成本。

六、清洁生产、生态工业园区及循环经济的关系

生态工业园区是依据循环经济理论和工业生态学原理而设计成的一种新型工业组织形态，是生态工业的聚集场所。生态工业园区遵从循环经济的减量化、再利用、再循环“3R”原则，其目标是尽量减少区域废物，将园区内一个工厂或企业产生的副产品用作另一个工厂的投入或原材料，通过废物交换、循环利用、清洁生产等手段，最终实现园区的污染物“零排放”。

循环经济是一种以资源的高效利用和循环利用为核心，以减量化、再利用、再循环化为原则，以低消耗、低排放、高效率为基本特征，符合可持续发展理念的经济增长模式，是对“大量生产、大量消费、大量废弃’的传统增长模式的根本变革。”这一定义（王军锋，2008）不仅指出了循环经济的核心、原则、特征，同时也指出了循环经济是符合可持续发展理念的经济增长模式，抓住了当前中国资源相对短缺而又

大量消耗的症结，对解决资源对中国经济发展的瓶颈具有迫切的现实意义。

由此可见，我们可以简单地对清洁生产、生态工业园区及循环经济这样理解，三者属于不同层面的节能降耗、减污增效，清洁生产属于企业单一系统层面，生态工业园区属于园区系统层面，循环经济则属于社会大系统层面。众多企业层面的清洁生产构成了园区层面的生态工业系统，而园区的生态工业系统又是社会循环经济不可分割的组成部分（图1－8）。

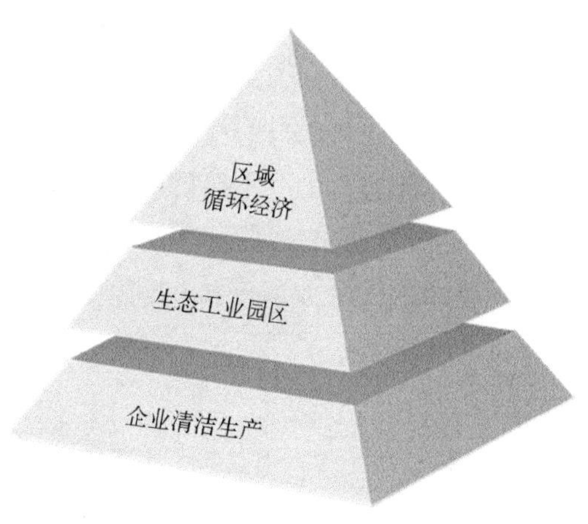

图1－8　清洁生产、生态工业园区及循环经济关系图

七、清洁生产审核实施中存在问题及对策

清洁生产审核在实施过程中仍存在着以下共性问题，这需要我们让企业提升意识，将清洁生产审核真正纳入企业经营整体视野、协同相关环境管理制度、深入推动大数据等信息化技术应用、形成容错机制，并在实施过程中密切与当前无废减废的大趋势相互融合。

（一）清洁生产审核未真正纳入企业经营管理版图

尽管自《清洁生产促进法》发布以来，全国范围的清洁生产审核取得了较为显著的成效，但该项工作仍未真正纳入企业经营管理之中。在实际开展工作的过程中，很少看到企业将清洁生产审核真正在企业内部建立相关管理制度，真正落实机构与人员，并辅之以相应资源形成长效机制的。

企业管理依靠的是管理制度，没有相应的管理制度，没有专设的管理机构，就意味着该项工作仅是临时性，甚至是应付性质。对比其他领域的管理机构情况，在当前环境保护法律法规要求越来越严格的情况下，设置专业环境管理机构的必要性越来越迫切，这不仅有利于通过设置专业机构专业人才来规范自身环境行为与生产过程，而且也有利于协调生产、质量、安全及相关管理领域的内部利益分配。我们也呼吁各方通过设置执业资格的方式来提升企业环境保护人员的地位，使企业环境保护人员成为污染防治攻坚战的同盟军。但目前企业层面对清洁生产审核的意义与作用，仍未有十分清醒的认知与行动，部分企业在实施清洁生产审核过程中甚至患上了补贴依赖症，有政府补贴就实施，没有政府补贴就拖拖拉拉，不同程度地存在为审核而审核的形式主义现象。

由于开展清洁生产审核的时间往往较短，一些真正对企业清洁生产起到作用的中/高费方案往往需要 2 年甚至更长的时间才能够真正落地实施，相对较短的时间周期也使企业或审核机构往往以现有的中/高费方案来作为评估验收的内容。

（二）清洁生产审核未与现有环境管理制度有效衔接

国外清洁生产审计工作发轫之时，企业完全是基于合规基础上发展而来，而自清洁生产审计理念引入中国以来，中国经济的发展正处于起步阶段，正向更高的发展速度进军，高速的经济发展伴随着高物耗、高能耗，也伴随着各种不合规的现象。从实际工作上也可以看到，清洁生产审核与环评制度、排污许可证制度等现有环境管理制度之间的关系仍未有效衔接。由于历史的原因，很多中小型企业仍存在建设项目环评审批不规范、企业产能超审批等情况，而且也未及时获得排污许可证，这导致清洁生产审核开展过程中不得不直接面对这些基础管理问题。

如果企业建设项目环评审批不符合要求，或者企业现有产能大大超过审批要求，会导致产能本身不合法。一旦核算清洁生产审核成效时，这部分非法产能又会导致单位污染物排放变低也不合法，使清洁生产审核最终绩效易受质疑，形成进退两难的局面。当然，这种局面将随着排污许可证覆盖所有排污企业而得到逐步改善，但的确在现实工作中存在上述困境。

从另一个侧面来看，如何充分发挥现有具有法律职能的管理制度的功效（如环评与排污许可证），整合具有类似作用的管理工具（如污染源普查、环境统计以及具有统计功能的报表制度），协同与联动其他领域管理工具（能源、质量管理），为企业营造良好的营商环境，也是政府管理层面非常值得思考的。

（三）清洁生产审核深入开展仍缺少企业生产过程的大数据基础

清洁生产审核理念与方法至今都不失为先进，但由于环境管理及污染治理过程本身存在非标准化较多，对于企业生产过程的动态监测与监控手段也未能及时跟上,许多企业的物料平衡仍处于初级阶段,缺少实时动态的短周期高频次的平衡数据,大多情况下都是静态长周期的平衡数据,无法为清洁生产审核的深入开展提供精准确数据链。我们认为,只有短周期高频次的生产数据才能够与污染物排放数据相互验证,而静态长周期的生产数据是无法做到这一点的。这种现状,仍有待工业互联网的不断拓展以及环境监测手段与感应技术的深度发展来支持。

(四) 清洁生产审核目前仍缺乏容错机制

将清洁生产作为一项立法,是我国环境保护立法领域的创新,将清洁生产审核作为一项关键性制度,是我国环境管理制度的创新。从企业层面接纳清洁生产审核这一工作,无论从管理还是技术角度而言都是一项创新。当前的制度设计,无论是清洁生产审核本身,还是评估与验收制度,都未考虑一定的容错机制。

如果清洁生产中涉及创新性技术,在具体实施过程中不可避免会遇到错误与失败。真正的创新性研发,尤其是涉及开放系统市场领域的产品与技术研发,如果方案实施期限较短的话,一方面如果审核周期只有1年或2年,企业可能缺少时间来完成研发;另一方面由于产品与技术研发,往往涉及复杂不可控的市场因素,可能短期内无法获得效益。

(五) 清洁生产审核的深入应与当前减废趋势相契合

清洁生产审核起源于北美开展的废物减量化审计,自引入中国后,其理念与思想方法在应用过程中逐步被拓展到节能减排的不同领域,但在实施过程中,企业提出的中/高费方案更多地偏向相对实现容易、效益较为明显的节能方案,而对于难度较大的源头减废方案往往有所偏废。这在清洁生产审核推广的初期无可厚非,但随着审核工作的深入,“无废城市”理念与绿色工厂的推行与普及,应逐步重视将清洁生产审核逐步与当前矛盾较为突出的减废工作密切结合起来。

2 方 法 篇

清洁生产审核来源于企业生产实践经验的总结与提炼，开展清洁生产审核不应该忽视企业原有的管理资源而另搞一套，这会造成间接的管理资源浪费。因此清洁生产审核的开展也应与企业现有管理组织过程、制度、人员架构密切结合，融入企业生产经营之中，简化审核流程，共享节能减排创意，最终以提高实效、为企业生产经营服务为总体目标。

对于实施首轮清洁生产审核的企业而言，除了通过审核寻找到中/高费方案予以实施，并通过评估验收之外，最重要的是企业自身要确立一套符合清洁生产理念的管理制度和管理模式，并且形成无/低费方案及中/高费方案的技术跟踪机制。如果通过首轮审核能够实现上述目标，那么标志着企业自身形成了一个良性循环，形成了开展清洁生产的自驱力和内生力（张兴华，2015）。我们认为，这才是清洁生产开展的终极目标。

清洁生产审核的实施可以由第三方机构开展，也可以由企业自行组织开展。一般包括审核准备、预审核、审核、方案的产生和筛选、方案的确定、方案的实施、持续清洁生产等环节。对于中小型企业，我们也建议实施简化的快速清洁生产审核方式，合并相应流程和步骤，以提升清洁生产审核的工作效率。

无论从管理还是从产品角度来看，设计得越复杂的工具与系统，其被有效使用的可能性及其效果越低，因此本章节编写的目的并不是更全面地将清洁生产审核步骤予以详细解读，我们希望结合十多年的清洁生产审核经验，能够让企业及第三方机构巧用和活用企业现有资源，简化清洁生产审核步骤，降低企业运营成本，能够达到事半功倍的效用；同时，也使清洁生产能够真正为政府环境管理提供技术支撑。

从我们多年从事清洁生产审核、环境管理体系认证、能源管理体系认证、生态工业园区规划、循环经济规划、上市环保核查、排污许可证核发、污染源核查以及环境影响评价工作的经验来看，这些业务最终的成果是对企业核查、认证及规划的报告，而这些报告之中针对企业污染源排放现状及管理现状的部分是完全重合的；从能源方面看，能源评估报告、能源审计报告以及水平衡测试工作，与清洁生产所需的节能需求也是重合的；从安全方面看，安全评价报告及环境应急预案的相关内容，与企业管理的环境安全内容是重合的。

从企业自身情况来看，与生产经营相关的数据整合由于各业务板块独立运营往往无法得到有效整合，如不同信息化软件之间的数据共享存在障碍，相关生产经营数据没有与环境保护要求紧密结合，这些情况也影响和阻碍了企业自身经营效率的提升。

在当前简政放权和改善营商环境的大背景下，简化企业的负担，有效利用现有资源，将环境保护工作演化为普通企业都能理解的模式，将清洁生产融入企业生产经营，是我们的目标之一。

以下我们主要以问答方式来对清洁生产审核的各重点步骤及审核技巧作解答。

一、审核准备

良好的开始，是成功的一半。审核准备是开展清洁生产审核工作的前期阶段，所谓“磨刀不误砍柴工”，实践也证明审核准备越充分越能够提升后期审核效率。审核准备的主要目的是：通过宣传、培训与教育使企业领导与全体职工对清洁生产有整体认知，消除思想和意识上的障碍；了解企业清洁生产审核的基本内容、要求及其整体框架，获得企业管理层的资源支持以及员工的积极配合，并做好前期准备。同时，应在企业内部首先确立清洁生产审核制度的地位。简而言之，建组织、做准备。

本阶段工作的重点是获得企业最高管理层的大力支持，形成定期开展清洁生产审核的制度，组建专业从事清洁生产审核的团队，制定审核工作计划和开展宣传教育与培训（图2－1）。为提高审核效率和缩短工作时间，我们建议此阶段还应根据企业特

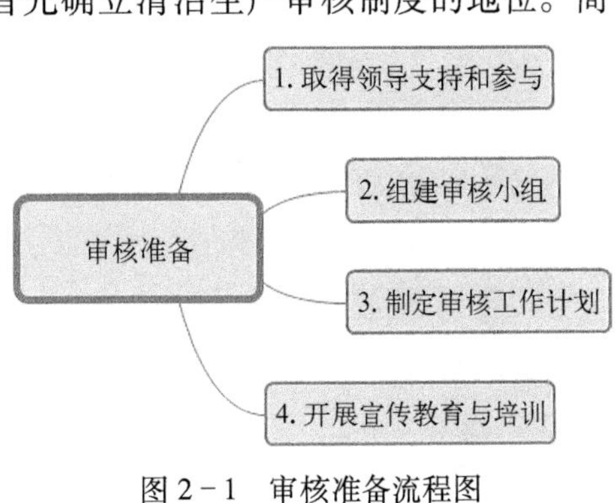

图2－1　审核准备流程图

点准备现场调研所需的资料清单,递交企业先行准备相应资料、数据与信息。

问: 清洁生产审核用何种方式来取得高层的支持?

答: 首先,应使清洁生产融入企业经营战略。无数实践案例表明,优秀的战略往往并不依赖最好的战术来实现,优秀战略的精髓是能够不依赖出色的战术而在商战中取胜。如果战略高明,那么就算平淡无奇的战术也能取胜。如果一家公司希望以出色的战术来实现蹩脚的战略,基本没有机会成功。清洁生产作为绿色发展的载体,无论从外部环境、市场需求还是企业自身发展来看,都应该是经营战略的重要组成部分。因此,无论是第三方还是企业自行实施的清洁生产审核,必须获得企业最高管理层的支持,要将其融入企业经营战略之中,才能充分发挥其作用,这也是企业开展清洁生产审核并最终取得成效的核心因素。

其次,应由最高管理层来确立本轮审核的管理机构。清洁生产审核是综合性与协调性很强的技术工作,涉及企业各产品、设计、工艺、制造、质量、环保、能源甚至安全等相关部门,涉及部门多、人员多、信息广、数据详。而且随着审核工作阶段和企业经营活动的变化,参与审核工作的部门和人员可能也会发生相应的变化。因此,整个审核开展过程中,需要由取得最高管理层授权的管理机构来统一组织与协调企业各部门,以及全体职工的积极参与,审核工作才可能顺利开展,这也是今后中/高费清洁生产方案得以实施与取得成效的关键。

最后,通过本轮审核,梳理企业管理流程,最终要形成符合企业特点的清洁生产管理制度。在企业中,人的思想观念及行为模式都是通过管理制度来塑造与影响的,只有形成定期实施清洁生产审核的长效机制,才可能使清洁生产工作获得企业的资源支持,使企业清洁生产管理机构有地位,并在管理行为中固化形成惯例。

问: 企业如何将现有管理模式与清洁生产审核对接?

答: 审核准备阶段应考虑企业现有管理模式与清洁生产审核对接,也是一种节约管理资源、最大化利用资源的方式。应考察企业现有管理方式与清洁生产审核形成对接的途径,以提升清洁生产审核的效率。比如,企业现有的合理化建议途径是否可以作为清洁生产审核方案的来源;企业其他管理咨询,如六西格玛管理咨询、精益生产咨询是否能够与清洁生产审核要求对接;企业的技术、产品与工艺改进是否与清洁生产审核相互结合;企业的绩效考核是否考虑清洁生产审核;等等。

我国自加入世贸组织以后,国际标准化组织的管理架构如同基础设施一般存在于企业之中，在开展清洁生产审核过程中如不加以有效利用与整合，也是一种隐形的资源浪费。因此清洁生产审核必须与企业现有管理方式有效融合，才能够真正具有生命力。

问：宣讲清洁生产思想与效益会有哪些作用？

答：清洁生产的宣传、教育、培训功能是传统环境保护管理工具所忽视的，也是开展企业环境管理工作所必需的。宣传、教育及培训的目的是让企业最高管理层对上述优势予以充分了解，并形成使用这项工具的内驱力，也是审核机构与企业人员之间增加亲和力与信任感的场所与时机。

通过宣讲清洁生产的"节能、降耗、减污、增效"的功能，强调开展清洁生产可能给企业带来的以下效益：

1）提升设备运行效率、提高原辅材料和能源及资源的利用率及产量和质量，减少设备运行及产品质量损失，使企业在节能、降耗方面获得综合经济效益；

2）减少生产与工艺过程中的废物产生量、提高废物现场回收利用效率、降低废物的处理成本等，使企业在减废和减污方面获得综合经济效益；

3）充分识别企业现有合规性问题及环境问题，排查企业潜在环境风险，提出对策措施与解决方案，帮助企业实现污染物浓度与污染物总量稳定达标排放，减少污染排放费用；

4）有效强化与融合企业现场管理、生产管理和环境管理水平，降低工人作业强度，改善生产车间工作环境，控制和削减潜在的环境风险与概率，有助于提升企业环境、健康与安全的整体管理水平；

5）通过中/高费方案引进清洁生产技术，优化生产工艺，切实推动企业技术改造与进步，提升企业整体清洁生产水平；

6）通过提升产品科技含量和绿色元素，推动企业产品升级换代，与竞争者形成差异，取得竞争优势，从而扩大市场份额；

7）通过采用信息化、智能化技术，逐步形成企业产品、生产活动的大数据信息，逐步形成企业自身的能源和资源消耗指标，为精确判断提升生产力的潜在领域形成基础；

8）有助于提升企业社会形象与环境信用，满足国家、社会及国际上对于企业在社会责任方面的要求，有助于企业形成核心竞争力。

9）对于企业管理者而言，清洁生产还是一个凝聚企业管理层与基层员工的机会，实现在共同改进目标下直接对话与沟通的机会，也是一个给予员工挑战及实现自我的机会。

宣讲时应客观地阐述清洁生产审核可能带来的效益,更全面、综合地介绍清洁生产审核的效能,避免过分夸大其作用及绩效,造成不必要的误导。

问:宣讲清洁生产政策、法规有哪些作用?

答:企业最高管理层必须充分了解国家、地方与所属行业清洁生产的有关法律、法规和政策要求。通过宣讲,使企业明确自身是实施清洁生产的主体,开展清洁生产是企业应履行的义务与责任;明确清洁生产审核是企业实施清洁生产的主要手段;了解行业清洁生产技术发展趋势与动态;了解国家鼓励企业实施清洁生产的相关激励政策;明确清洁生产审核是企业应承担的社会责任,以及不遵守清洁生产审核相关法规可能受到的处罚。

宣讲中强调清洁生产审核也逐步成为淘汰落后产能和产业结构调整的有效手段,其审核结果将作为落后产能界定的参考依据,成为供给侧改革的助推力。

如果是第三方机构开展宣讲活动,无论产宣讲清洁生产效益还是政策法规要求,与企业人员之间在此阶段的互动非常重要,如果在此阶段就建立了相互信任的基础,第三方机构可以获得一些直接、有效的信息源,为清洁生产审核的顺利开展打下良好基础。

问:开展清洁生产审核可能需要哪些方面的投入?

答:清洁生产审核需要企业的资源投入,可能包括:

1)人力投入。管理人员、技术人员和操作人员审核时间投入、收集数据时间投入、宣传培训时间投入、编制审核报告时间投入,以及聘请外部专家和咨询服务机构的人力资源投入。

2)资金投入。审核中发现的环保不合规整改投入(如办理环评手续、竣工验收)、环境监测设备和环境监测费用投入、能源平衡及物料平衡审计投入、能源及物料计量表具投入以及落实清洁生产中/高费方案的投资费用等。

这些投入应该是企业最高层领导在清洁生产审核工作启动之初必须要认识到并且做出承诺予以大力支持的。最高管理层应该认识到,与清洁生产审核能够带来的效益相比,与争取到不符合清洁生产要求的企业所退出的市场份额相比,这些投入是必不可少的,也是值得的。

问:如何组建审核小组?

答:制订计划并开展清洁生产审核的企业,首先要在本企业内成立有权威、有能力的审核小组,这是顺利开展企业清洁生产审核的组织保障。企业可根据自身规模和管理要求,成立清洁生产审核组。

审核组的架构可以依托企业原有的组织结构成立,如有些企业中有 ISO 事务局、EHS 委员会、管理体系推进委员会等组织,选择符合条件的成员,并赋予其开展审核的职能,以避免企业内部各类管理机构丛生,而降低决策与管理效率。

在我们的潜意识中认为,某个领域内最聪明、受过最好训练的人最有能力来解决自己专业领域的问题。的确,一般情况下会是这样的。因此当他们出现失败的情况后,我们往往想到的对策是寻找一名能力更强的,即类似的其他高水平专家。虽然专业能力的确很重要,但由于其存在同构性产生的边际效应会递减。越来越多的案例表明(伊藤穰一,2016),多元化的团队在大多数领域内更具生产效率,拥有不同知识背景与结构员工的团队似乎在解决问题时会更有优势。人员能力的多样性正在成为很多机构战略发展的重要选择要素之一。因此,审核小组成员构成的多样性一开始就值得予以重视。

问:企业的清洁生产审核组长如何来推选?有什么条件需要注意?

答:审核小组组长是审核小组的核心人员,一般应由企业高层领导人兼任,高层领导的重视是审核顺利开展的前提,或由企业最高管理层任命具有以下条件的人员担任,并授予充分权限:

1)熟悉与了解企业整体管理流程;

2)熟悉企业生产、工艺与技术的整体现状;

3)最为关键的是,组长应在企业内拥有一定的威信与地位,具备领导、组织、协调审核工作在各部门间顺利开展的能力,同时熟悉审核小组成员情况。

最好审核组长能够同时了解和熟悉相关的生态环境法规和政策要求,但这对初次开展清洁生产审核的企业而言可能要求有点高,可以借助外部专家资源取得支持。

问:如何选择企业清洁生产小组成员?有什么注意事项?

答:审核小组的成员数目应根据企业的实际情况来定,一般情况下由 5~7 名成员组成。小组成员构成要求尽可能具备多样性,可考虑从企业生产、质量、环保、设备、安全、设计等与清洁生产有关的部门和重点生产车间选取。审核小组人员的组成决定了整体的知识结构,某种程度上也决定了审核最终的成效。

审核小组总体人数也不宜过多,研究表明,一个团队超过 7 人以后,团队整体的行动与决策效率往往将出现边际效应递减的现象。甚至出现同一种工作,3 个人与 5 个人的完成时间往往没有太大差别,人数越多效率反而越低的现象。在这种情况下,其团队的行动效率将取决于审核组长的领导和协调能力,同时工作任务必须要有明确的完成标准,包括质量与时间要求。

有关创新的许多成功例子也表明,大多数创新成果都是团队协作、发现导向型学习和综合决策的结果。

审核小组成员需要至少满足以下条件并具有良好的沟通宣传、组织工作能力和经验:

1) 掌握企业的生产、工艺、管理、产品等方面的情况及新技术信息;

2) 熟悉企业的污染物产生、治理和管理情况以及国家和地方生态环境法规和政策等。

审核组成员最好具备一定清洁生产审核知识或工作经验,但对于首次开展清洁生产审核的企业而言可能有一定难度;如果成员具有质量管理体系、环境管理体系等体系审核经验,也可以优先考虑,因为管理与审核其根本原因都是相通的。

成员的选择优先考虑具有跨部门工作经验的人员(多面手),有助于从不同角度提供经验,也有助于减少审核小组总体人数。审核小组成员在确定审核重点的前后可视审核进展情况,由审核组长进行相应调整。

问:清洁生产审核小组有哪些主要任务?

答:审核小组在整个审核过程中的主要任务包括:

1) 制定审核总体工作计划。

2) 收集环保法律法规、标准及规范。

3) 行业动态及清洁生产技术发展趋势分析。

4) 组织审核准备,开展宣传教育。

5) 按照预定审核工作计划,组织开展预审核、审核、方案产生和筛选、方案确定并实施方案等工作,其中重点包括以下内容:确定审核重点和目标;组织开展审核重点的工作;筛选与论证清洁生产方案;汇总清洁生产方案实施情况并验证实施效果;如发生变化,及时对审核工作计划进行调研。

6) 编制本轮清洁生产审核报告。

7) 总结经验,并提出下一轮持续清洁生产建议与设想。

可行时，清洁生产审核工作计划可以与企业管理体系审核计划合并开展，以节约资源。

问：如何来界定清洁生产审核小组的职责与分工？

答：审核小组成员职责与投入时间等应列表说明，表中需要列出审核小组成员的姓名、审核小组职务、部门及职务、职称、专业、职责、应投入的时间等，以及不同阶段的具体任务。

其中最为关键是，在此阶段就应予以明确审核小组各成员今后在审核开展后不同阶段的职责与作用，以使各成员了解自身在审核过程的责任与义务，并对此达成一致，确保成员能够有充分的时间与资源投入审核过程。在此最为关键是的，要对不同部门所负责的过程的输入要求与输出信息提出明确规定，这样梳理上下游部门信息交接之间的逻辑与协同关系。

为与企业现有经营活动相互结合，对相关部门在清洁生产审核全过程中主要的职责与作用提出以下建议：

1）产品设计开发部门建议依据在产品研发中的经验，依据环境标志产品、低碳、节能、节水产品技术要求，结合产品及原辅材料发展趋势，分析存在的问题，提出改进现有产品设计及原辅材料优化选择的建议改进措施，提出产品设计轻量化、模块化的新设想，并将其作为产品与原辅材料改进的输入；

2）采购部门建议依据其职能，在对原辅材料及设备设施开展采购时，设立绿色采购原则，分析存在的问题，并尽可能选择环境行为良好的供应商，考虑设备设施采购成本时应综合考虑其生命周期中的维护成本，并将其作为产品与原辅材料改进的输入；

3）质量部门建议依据自身在质量管理的经验，结合质量管理体系内审及产品质量统计手段与工具，分析产品合格率波动趋势，结合质量控制活动等质量改善途径提出产品质量改进措施，减少不合格品的产生，并将其作为产品与管理改进的输入；

4）生产部门建议依据自身在生产管理中的经验，结合行业及技术发展趋势，提出在生产过程中提高生产效率、优化生产工艺、减少污染物过程排放的建议措施，并将其作为技术工艺和过程控制改进的输入；

5）环保部门建议依据自身在环境管理中的经验，结合环境管理体系内审、污染物排放监测等手段，分析企业整体污染物排放波动趋势，结合污染治理技术发展趋势，融合企业合理化建议及节能减排改善建议，提出污染物产生、控制与削减的改进措施，并将其作为管理改进的输入；

6）设备及动力部门建议依据自身在能源管理方面的经验，结合能源评审、能源审计以及能源监测手段，分析企业能耗波动趋势，结合行业及技术发展趋势，提出降低能源消耗、提升设备使用效率的改进措施，并将其作为设备改进及能源改进的输入；

7）安全管理部门建议依据自身在安全管理方面的经验，结合生产安全监控手段，分析企业生产安全中可能存在的隐患与风险，结合安全法规及技术要求，融合企业合理化建议改善途径，提出降低安全隐患及环境风险的改进措施，并将其作为管理改进的输入。

从上述职责分配我们可以到，每个职能部门实际上存在着专注于自身职责范围内小的 PDCA 循环在运作着，每个小循环又确保了企业整体的 PDCA 大循环的有效运作。

财务部门的审核成员，应该参与审核过程中与财务核算相关的活动，包括对初步可行的中/高费方案进行财务分析，准确统计并核算企业清洁生产审核方案的投入和收益，并将其详细地单独列账。

工作计划中应确定审核小组向最高管理层汇报的具体途径，以利于审核小组在开展审核过程中将相关障碍向有关分管领导汇报并获取支持，也有利于最高管理层及时获得本轮审核的绩效。

问：清洁生产审核实施过程中需要哪些方面的外部专家？

答：不具备内部自行开展清洁生产审核要求的企业，可以聘请外部专家给予技术支持。外部专家可以包括清洁生产审核方法学专家和行业专家两方面人员。

清洁生产审核方法学专家应从如何开展清洁生产审核及如何解决审核中的关键技术难点给予技术指导；行业专家应从企业的技术工艺水平、设备运行状况、原辅材料和能源消耗状况、主要污染物产生与排放情况等行业专业角度提出意见与建议。

同时，根据企业需要，还可聘请能源专家、环保专家和职业健康安全专家对企业存在的能源问题、环保问题及职业健康安全问题给予技术指导。

如果审核工作有外部专家的帮助和指导，企业的审核小组还应负责与外部专家的联络与咨询，以企业自身为主体，充分研究并尽量吸收对企业可行且有价值的外部专家意见与建议。

问：如何制定审核工作计划？有哪些注意事项？

答：制定详细的清洁生产审核工作计划，有助于审核工作按照程序和节奏开展，有助于人、财与物力资源的有效配置，并得到相关部门协调配合，整个审核工作才会获得满意的效果，企业的清洁生产目标才可能逐步显现效果。

审核小组成立后，要及时编制审核工作计划表，应包括审核过程的所有主要工作与举措，包括这些工作的阶段、具体工作内容、完成时间、责任部门及具体负责人、监督考核部门及人员、实现产出等。

在制定工作计划时，应特别关注时间的选取，主要是时间点的选取。每一阶段所选取的时间点应与企业年初制定的年度工作计划相匹配，以保证每一阶段工作均能落到实处。

每阶段工作时长建议保留一定余量缓冲，以确保企业在市场订单及生产发生较大波动的情况下也能够按照计划完成预定的审核内容。

问：企业可以通过哪些方式来开展清洁生产宣传和教育？

答：广泛开展宣传教育活动，争取获得企业内各部门和广大职工的支持，现场操作工人的积极参与尤其重要，是清洁生产审核工作顺利进行和取得更大成效的必要条件。

高层领导的支持和参与虽然很重要，但最重要的还是提升企业中层和基层人员参与度，否则清洁生产审核仍很难取得重大成果。只有企业上下都将清洁生产思想自觉地转化为指导本岗位生产操作实践的行动时，清洁生产审核才能顺利持久地开展下去。也只有这样，清洁生产审核才能给企业带来更大的经济和环境效益、推动企业技术进步、更大程度地支持企业高层领导的管理工作。

清洁生产思想与审核工作的宣传可采用多种方式开：

1）建立工作微信群。在审核开始的第一时间，及时确定企业审核工作组成员，并组建清洁生产审核工作微信群等，以方便及时布置工作任务以及信息沟通与反馈。

2）企业生产例会。生产例会中及时传达清洁生产审核的要求，有利于团队在生产过程中建立清洁生产意识，合理安排生产与环境保护之间的关系，审核自身产能与环保设施处理能力的平衡，并应形成管理惯例。

3）下达开展清洁生产审核的正式文件与指令。由企业最高管理者发布正式启动清洁生产审核的文件与指令，有利于清洁生产审核得到企业全体成员的正式认可与支持。

4）制作专门的简报、海报及微信公众号。如具备条件，应该制作专门的简报、海报，由企业宣传部门负责在企业微信公众号上发布取得阶段性成果的新闻。

5）通过内部信息网络、内部广播、电视、音频及视频等方式传达。选择与环保、节能、低碳有关的音频及视频节目，在企业内部信息网络、内部广播、食堂电视等场合进行滚动播放，营造开展清洁生产审核活动的整体氛围与环境。

6）组织专题报告会、研讨班、培训班。通过组织清洁生产专家及环保专家的专题报告会、技术专家的研讨会及培训班，宣传相关法律法规、标准要求，交流行业技术趋势。

7）组织环保主题公益社群。托克维尔定律表明，热衷于公益事务的社群活动的人能发现自我价值，同时超越狭隘的个人私利，为群体作出贡献。

问：清洁生产的宣传教育内容可以包括哪些方面？

答：宣传教育内容可包括：

1）国家与地方的清洁生产法规与政策；

2）清洁生产以及清洁生产审核的基本概念与内容；

3）行业清洁生产现状、清洁生产技术及管理要求；

4）国内外同行业清洁生产审核的成功案例；

5）企业开展清洁生产审核工作的内容与要求；

6）企业各部门已取得的审核效果与具体做法等；

7）企业内部鼓励清洁生产审核的相关政策。

通过宣传教育，形成企业开展审核的整体氛围，动员与激发企业员工参与清洁生产审核过程的热情，启发员工运用清洁生产的思路与本岗位工作密切结合，触类旁通，提升企业员工参与度，有利于员工提出与本岗位密切相关的产品、技术、工艺、设备、管理等方面存在的改进机会。

宣传教育的内容可以根据审核工作阶段的变化做相应调整，穿插在审核不同阶段开展与实施。

问：企业清洁生产审核培训有哪些内容？

答：清洁生产审核的主体是企业，因此企业的管理和技术人员在了解清洁生产理念及其效益的基础上，还必须详细掌握清洁生产审核的具体方法、程序和技术要求等。为今后企业开展清洁生产审核、持续改进环境行为打下良好的技术基础。

因此，除了对全体员工进行广泛的宣传培训外，还需要对企业各职能部门和生产车间的主要管理人员与技术人员（尤其是清洁生产审核小组成员）进行清洁生产审核的专业技术培训。

建议培训时长为2天左右，时间过短对受训者而言印象不深刻，时间过长其效果可能反而下降。培训应邀请清洁生产理论扎实、清洁生产审核实践经验丰富的方法学专家来授课。课程设置上理论部分尽可能不安排在企业现场，以免企业人员由于兼顾生产任务而离开学习场所，从而影响学习效果，案例部分则应尽可能地结合企业生产与现场实践进行分析与讲解。

培训基本内容包括：

1）清洁生产审核程序及方法；

2）能源、资源消耗及污染物排放与产能的相关性统计方法；

3）清洁生产审核中各关键技术环节的实施要点；

4）清洁生产实际案例分析，并结合企业生产现场进行讲解。

问：企业清洁生产审核开展过程中有哪些障碍？

答：企业首次开展清洁生产审核遇到障碍是正常的，不克服这些障碍很难实现实施清洁生产审核的预期目标。不同企业由于其行业、规模及文化的差异，可能面临不同的障碍。尤其是由第三方机构开展此项工作，更应熟悉企业开展清洁生产审核存在的障碍因素。因此，首先需要开展初步调研，以便于后续深入开展审核。

归纳起来，企业开展清洁生产审核有大致四种类型的障碍，即观念障碍、技术障碍、物质障碍以及政策障碍。四者中观念障碍是最常遇到的，也是最主要的障碍。

破除这些障碍必须依靠清洁生产审核全过程的各阶段与企业各部门的努力，来及时发现不利于清洁生产审核的各种障碍，并尽快采取措施予以消除。同时也应该在企业内部确立清洁生产审核的管理制度，形成长效机制，使开展清洁生产工作成为企业的常态。

问：采取何种措施来解决清洁生产审核中的常见障碍？

答：1）观念障碍：普遍存在的观念障碍形式包括企业管理层的思维定式、畏难情绪，以及基层员工“教会徒弟、饿死师傅”患得患失的个人心态。破除观念障碍，企业应通过宣传教育与培训，强调清洁生产理念中的污染预防理念，以国内外案例说明清洁生产方案的经济与环境效益，宣讲清洁生产审核可能带来的各种效益,并由最高管理层直接组织管理机构并领导。除此之外,将清洁生产纳入企业经营方针,在企业层面建立清洁生产管理制度,制订绩效考核制度,这是一种最为直接的破除观念障碍、激发员工活力的做法。观念障碍不破除,会影响到真正存在的实质性问题的发现,会使问题被掩盖而变成潜在的隐患。

2）技术障碍：破除技术障碍,企业应建立行业技术跟踪机制,学习先进技术与管理经验,聘请清洁生产审核方法专家与行业专家,组织人员参加技术培训班,定期开展技术交流、技术培训及技术竞赛等。在技术障碍中,有一种障碍是一种隐形的障碍,即数据共享障碍,这种障碍未必是部门出于保守目的不愿意共享数据而形成的,有时是由于各业务板块的信息化在技术上不兼容而间接造成的。

3）物质障碍：破除物质障碍,企业应积极通过内部挖潜,利用无/低费方案产生的效益积累资金,或充分利用当地生态环境、工信、发改委等部门的清洁生产、循环经济及资源利用的专项资金政策,开拓各种资金筹措与积累渠道。

4）政策障碍：破除政策障碍,企业应通过聘请清洁生产政策专家讲解我国清洁生产政策,充分了解和掌握清洁生产的政策要求和鼓励政策。建立渠道,随时收集并跟踪国家和地方的清洁生产政策动向与最新要求,并在企业内部建立与实施鼓励清洁生产审核的管理制度、政策导向与奖惩指引。

二、预审核

“预则立,不预则废”。预审核是清洁生产审核的第二阶段,也是我们认为非常重要的阶段,其目的是对所审核企业的全貌进行调查分析,摸清企业能耗高、物耗高的环节和产污重点,分析和发现清洁生产的潜力和机会,从而确定本轮审核的重点和目标(图 2－2)。简而言之,本阶段是“找重点,找目标”。

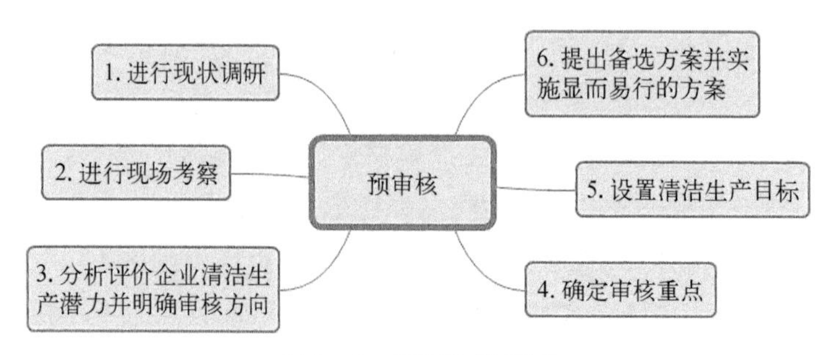

图 2－2　预审核流程图

本阶段收集的资料如果充分，将有利于后续评估阶段减少相应的工作量，在一定程度上简化工作流程。

在实际审核开展过程中，由于企业的建设项目设计阶段、建设阶段、运营阶段都是由不同人员实施，企业建设项目的产能、车间布局、污染物排放种类、数量、生产工艺等都可能由于情况变化而发生较大的改变。这种改变，往往脱离了原来建设项目设计者、环境影响评价报告以及能源评估报告的设想，预审核阶段就是要从整体上评估这种偏差对污染物排放、能源资源消费可能带来的影响。

实际上，所谓预审核也是要对企业的环境管理及能源管理现状形成一个整体的预判，如果企业的信息化及数据收集是规律而制度化的，这些基础工作的难度并不大。但预审核也是目前花时间较多的阶段，这也是企业环境管理及后续清洁生产形成制度化后应该着重解决的问题。

问：清洁生产的现状调研有哪些内容？各有什么目的？

答：现状调研收集的资料，虽然是基于企业整体和宏观层面的，但也关注企业所处行业发展趋势与污染治理技术特点，包括行业清洁生产指标体系、环境标志、低碳、节能、节水的产品技术要求，收集的数据与信息尽可能依托企业现有资源、设备及报告，避免重复索取数据与信息，以提高资料、信息及数据收集的效率。

数据、信息及资料收集以后应建议企业建立信息化档案，以使数据、信息和资料能够在今后重复利用或用于其他用途。现状调研主要包括企业概况、生产现状、环境保护现状及管理现状 4 方面内容。

（1）企业概况

1）提供企业所在地理位置（准确的经纬度信息等），为今后政府对企业清洁生产审核基本信息提供数据。

2）了解企业所在位置的环境功能区划、区域环评规划，适用的环境质量标准、附近环境敏感目标等信息，结合现场了解企业生产现状对周边环境的影响。

3）了解企业历史沿革、生产规模、产值、利税、管理机构、人员数量和企业发展规划等，以及企业各功能区的平面布置图及边界红线图，企业能源和水的计量网络图等。

（2）生产现状

1）调查企业主要原辅料、主要产品、能源及用水情况，列出总消耗及单耗，并列出主要车间或分厂的情况。了解企业原辅材料中有毒、有害物料的使用总体情况，为后续预判审核重点做好准备。

2）调查企业的主要生产工艺流程，以框图表示主要工艺流程，要求标出主要原辅料、水、能源及废物的流入、流出和去向，形成主要产排污节点图。为便于进行数据变化趋势分析，寻找清洁生产改进潜力，原则上需要收集近3年的生产数据，作为数据分析基础。

3）了解企业设备水平及维护状况，如设备规格型号及技术水平、设备能耗水平、设备运行状况、维保计划与记录、设备完好率以及泄漏率等指标。

（3）环境保护状况

1）主要污染源及其污染物产生和排放现状，包括适用的污染物排放标准、浓度、总量以及达标排放状况等。

2）主要污染源的治理现状，包括具体处理方法、处理效率、超标排放及稳定排放的情况、目前存在问题及单位工业固体废物与危险废物年度处理费用等。企业现有“废水、废气及废物”的循环/综合利用情况，包括具体方法、效果、效益以及存在的问题。

3）提供产业政策、生态环境政策的合规性文件资料，如项目可行性研究报告批复、环评、“三同时”（指建设项目中防治污染的措施，必须与主体工程同时设计、同时施工、同时投产使用）批复等。

企业现有产能的合法性，关系到清洁生产审核绩效的核算，无论是单位产品的能耗、物耗、水耗及污染物排放指标，都需要基于合法产能来作为基数。审核机构与企业都应对现有产能的合规性进行仔细审视，以确保审核最终结果的有效性。

（4）管理状况

管理状况评估是通过对企业管理体系、组织机构、管理流程与制度、信息化系统的评估，寻找能够与清洁生产对接的资源，巧用与活用企业现有管理资源，从而使清洁生产审核在做好充分准备工作的前提下，达到事半功倍的效果。美国唐纳德曾经提出提高效率的三原则（杨朝晖，2018），即为了提高效率，每做一件事情时，应该先问三个能不能：能不能取消它？能不能把它与别的事情合并起来做？能不能用简便的方法来取代它？因此，化繁为简是最实用的方法。

1）收集和梳理企业管理体系与流程，评估企业信息化水平，这包括从原料采购、库存、生产及操作、直到产品出厂的全面管理制度，如质量管理制度、环境管理制度、能源管理制度以及现场操作规程等。

描述企业目前使用的信息化软件情况及其用途，如ERP、MRP、SAP等，企业信息化程度的高低，在某种程度上也决定了企业管理与经营效率。应充分利用企业信息化平台，简化管理流程和共享数据资源。

在管理学上有一个著名的“崔西定律”，即任何工作的困难程度与其执行步骤的数目平方成正比。比如，完成一件工作有3个步骤，那么这项工作的困难程序为9；如果将这项工作的步骤增加到5个，工作的困难程度就会相应地增加到25。从3到5只不过是增加了2个步骤，但难度却要增加16。因此，从管理角度识别出冗余的流程，借助信息化手段，有助于一劳永逸地节约管理成本，提升管理效率。重整管理流程，将创意和创新花费的时间降到最短，需要缩短时间和进行自动化的不只是供应链，还应包括创新链（黄继伟，2016）。

2）充分评估企业现有管理机构协同现状，发现生产全过程管理中不同管理部门之间存在的管理盲区与孤岛现象，通过减少管理孤岛来打通企业内部的信息孤岛。

任何应用系统都有要求独立于其他应用来运转的倾向，其造成的结果就是可能使该应用系统成为其他系统的孤岛，无论新的信息化系统、自动化系统还是新技术、新工艺以及新的生产模式，都会在无意中造成这种“自动化孤岛”及“数据孤岛”的现象。

因此系统的集成与系统之间信息输出接口就变得很重要了，在管理上应充分利用企业现有管理资源，如合理化建议渠道、QC活动、“5S”（即整理、整顿、清扫、清洁、素养）管理活动以及精益生产等，以及现有的MRP、ERP、BOM、CAD等信息化系统，寻找清洁生产与其之间的接口，善于从不同角度利用现有资源，使清洁生产能够真正与企业生产过程有效融合，化繁为简。

问：开展清洁生产现场考察目的是什么，主要考察什么内容？

答：进行清洁生产现场考察的目的是对前期现状调研中所获取的资料信息进行现场验证、核实与补充完善。现场考察工作可以和企业日常定期检查、环境管理体系内审等相关工作结合起来，以节约时间、节省企业人力成本。

现场考察内容如下。

1）参照工艺流程图，按照生产工艺流程的顺序，对整个生产过程进行实地踏勘，即从原料开始，逐一考察原料仓库、生产车间、成品库、危险废物仓库、危险化学品储罐区域、动力设施和污染物处理等关键设施现场，发现可能被遗漏的涉及重要环境问题的生产过程及作业环节，如维修、保养及装卸活动等。

2）重点考察生产过程各产污、排污环节，如水耗、物耗和（或）能耗大的环节，以及设备事故多发与存在潜在环境风险的环节及部位。

3）实际生产现场管理状况，如经济考核制度、岗位责任制及操作规程执行情况，考察作业人员技术水平及实际操作状况，车间技术人员及工人的清洁生产意识等。

随着生产规模发展、产品种类和生产组织模式的变化，有些工艺流程、设施装置和车间管线可能已做过多次调整和重置，这些变化可能无法及时在相应资料与信息上予以更新，应通过现场确认予以识别。企业应考虑通过应用信息化技术，使这些变化得到有效更新、分享与掌控。

另外，企业生产过程中的实际生产操作和工艺参数控制等要求往往与原始设计及规程存在差异。设计时，为保险起见，设计单位对某些生产环节所保留的余量过大，导致可能会在实际生产过程产生消耗过高的情况，可能出现“大马拉小车”的现象，企业相关人员也往往熟视无睹，这往往是非常值得改进的领域。操作层面的规程由于岗位人员职责所限，往往无法及时跟上变化，但针对许多安全事故的研究表现，很多事故都是发生在作业环节的关键一环失效后，从而引起连锁反应。重视操作规程与实际管理需求的一致性也是需要进行考察的。

因此，上述情况都需要通过现场考察，以便对现状调研的结果加以核实和修正，并发现实际生产与设计要求之间的不匹配问题。通过现场考察，也可能在企业辖区内发现明显的清洁生产方案。

问：清洁生产现场考察具体有哪些方法，各有什么目的？

答：现场考察主要有资料查阅、报告收集、交流座谈及现场巡视 4 种方法，这 4 种方法与环境管理体系内审的方法基本相同，虽各有侧重，但形式上尽可能予以整合，以节省工作时间，提高工作效率。

（1）资料查阅

调阅分析有关单元及生产过程的设计资料和图纸、工艺流程图及其说明书、计量网络图及计量用具配置、物料衡算、能（热）量衡算的情况，设备与管线的选型与布置和运行状况等；调阅生产车间岗位记录、生产报表（月平均及年平均统计报表）、原料及成品库存记录、工业废物报表、污染物监测报表等。

资料查阅的总体目的一是寻找设计要求与实际管理要求之间的差距，二是为了从数据角度建立能源资源消耗、污染物排放与产能之间可能的逻辑关系。

（2）报告收集

能源管理方面最重要的是企业能够提供最新的能源审计报告，这份报告基本包含了能源方面所有需要的实测数据、信息以及企业能源消耗全貌。环境管理方面最重要的是企业能够提供历年的环境影响评价报告及其批复，基本包含了企业生产线建设情况、产排污情况、适用的污染物排放标准，这两份报告基本上包括了企业概况、生产现状及环境保护现状的相关内容。准确地收集报告，有利于缩短审核时间与提高效率，有利于借助外部资源找到企业当前生产过程中存在的问题与短板。

对于环境监测数据，在线环境监测数据优于委托实施的人工环境监测报告数据。原因在于在线监测数据往往是连续的数据，能够较为真实地反映企业的排污水平；而单次委托的人工环境监测数据往往只表明监测当时的工况，只能用于推断污染物排放的状况。

（3）交流座谈

与基层和工艺技术人员交流或座谈，了解并核查实际生产与排污情况，听取意见和建议，发现关键问题和部位，分析问题原因，同时征集显而易见的方案。

如果是第三方机构实施审核，这一阶段则也是与企业人员建立相互信任关系的阶段，机构人员如果能够展示出对行业动态及发展趋势的了解，熟悉对方专业领域的术语，企业管理和技术人员就会对机构人员逐步建立专业上的信任感，从而使后续技术方面的讨论更为顺畅。

（4）现场巡视

现场巡视的作用是眼见为实，即报告中反映的情况是否与企业实际生产装置的现状保持一致，观察企业是否存在跑冒滴漏与无组织排放现象，这些现象往往是今后整改的重点领域，为确定审核重点打好基础。结合现场也能考察相关管理制度在企业落实的真实现状，对企业存在的环境风险与机遇，形成一个大致的判断。

问：如何分析评价企业清洁生产潜力？

答：问题导向与寻找到合适的标杆将为企业清洁生产提供追赶的目标与动力。依据本行业清洁生产标准、评价指标体系或对比分析国内外同类企业物耗、能耗及产排污等状况，对本企业的清洁生产潜力进行全面分析与评价，以明确企业清洁生产审核方向。

（1）从企业自身现状分析清洁生产潜力

通过汇总、分析现状调研和现场考察期间收集整理的企业相关资料和数据，从以下六个方面全面了解并掌握企业清洁生产现状。对企业在同行业中以下方面的水平形成一个全貌性的概念：

1）生产工艺与装备水平及现状；

2）资源能源利用现状；

3）污染物产生和排放现状；

4）各类废物回收利用现状；

5）产品原辅料构成和产品质量管理状况；

6）环境管理与能源管理现状。

其中涉及使用有毒、有害物质的企业着重分析原辅材料（尤其是有毒、有害原辅材料）的选择、消耗等情况。

构成高耗能的企业着重分析各种能源品种的用量、能耗指标、新鲜水用量等情况；这些重要信息可以从能源审计报告中寻找相应数据与线索。

（2）从行业对标分析企业清洁生产潜力

在资料调研、现场考察及行业专家咨询的基础上，结合企业相关能耗、水耗及污染物排放标准，并参照本行业清洁生产评价指标体系，与符合企业特点的清洁生产水平各项指标相对比，进行对标分析及评估，得出结论。涉及产品的，也要考虑环境标志产品、低碳、节能、节水产品技术要求。

如果没有本行业清洁生产标准或评价指标体系，可收集、汇总国内外同类工艺、同等装备、同类产品企业的生产、消耗、产排污和管理水平，或参照本企业自身历史最好水平，综合对比和评价企业现有清洁生产水平。

从影响生产过程的八个方面出发，对原辅材料使用、产排污及能源消耗的理论值与实际状况之间的差距进行初步分析，并评价在现状条件下，企业的原辅材料使用状况、产排污状况及能源消耗状况是否合理。

在上述工作的基础上，对企业在技术工艺与装备、资源能源利用效率、产排污水平、废物循环回收与综合利用、产品、人员素质与管理等方面的清洁生产潜力做出分析结论。

根据企业现状评估结果及清洁生产潜力分析结果，结合国家法规政策要求与企业发展、生存需求，厘清并掌握企业清洁生产机会与潜力的总体状况，明确企业本轮审核的总体方向、思路和审核主线，提出企业本次审核拟解决的主要问题。本轮审核需要始终遵循所确定的审核方向与主线,紧密围绕拟解决的主要问题开展后续工作。

问:确定审核重点的主要思路是什么?

答:如通过前期调研阶段,已基本探明了企业现存问题及薄弱环节,可从中确定出本轮审核的重点。确定审核重点应结合企业的实际情况及企业的清洁生产总体方向和审核主线进行综合考虑。对工艺简单、产品单一的中小企业,可不必经过备选审核重点阶段,可以直接确定审核重点。

问:如何初步考虑备选审核重点?

答:首先通过汇总分析以上信息、数据与资料,列出企业主要的清洁生产潜力领域,从中选出若干问题或环节作为备选审核重点。

依据企业实际情况确定备选审核重点,重点环节可以是某分厂、某车间、某工段、某操作单元,也可以是某一种物质(原料、污染物)、某种资源(如水)、某种能源(如蒸气、电等)。根据调研结果,综合考虑企业的财力、物力和人力等实际条件,选出若干对象作为备选审核重点。

原则上,污染严重的环节或部位、资源或能源消耗量大的环节或部位、环境及公众压力大的环节或问题、有明显清洁生产机会的环节或部位应优先考虑作为备选审核重点。

其中环境保护领域,如果涉及污染物排放达标及提标改造的,基本会作为备选审核重点;能源领域,如果最新的能源审计报告中提出的节能改造环节的,基本也会被作为备选审核重点。

问:是否存在较为简单确定清洁生产审核重点的思路与方法?

答:确定审核重点一般有简单比较与权重排序两种方式。如备选重点存在的以下情况,应考虑直接将其确定为审核重点:

1)存在违法超标排放、限期治理以及提标改造要求的生产环节;

2)污染物排放总量及毒性最高的生产环节;

3)能源、资源消耗最严重的生产环节;

4)技术可行的能直接产生清洁生产效益的生产环节。

使用上述方法简单、直接、有效且重点突出,避免由于通过权重打分而将重点环节的重要性被平均化。

清洁生产审核重点的数量取决于企业实际情况,大多数情况下选择一个审核重点,在具备条件时,也可以选取两个以上的审核重点。

对于工艺复杂、产品品种和原材料多样的企业，也可以使用多因子权重排序来确定重点。基于实用性原因，无论通过何种方式来排序，最终问题的解决仍要通过方案及技术手段来落实，因此评分往往会兼顾后续技术方案的可行性，以确定审核重点。

因此，通过权重来打分其实也是基于现状，是对备选重点整体预判的量化指标，真正起作用的仍旧是企业生产现状数据，而并非打分制度本身。在实际场景中，需要权衡的因素可能更为复杂，但该过程实际上综合体现了对备选重点在各方面的考量，因此需要各部门共同参与讨论，达成共识，从而为之后的决策投入各方面资源而做好准备。

问：设置清洁生产目标依据什么基本原则？

答：依据企业清洁生产潜力分析，评估企业清洁生产机会与改进潜力，设置定量化的硬性指标，才能使清洁生产真正落实，并能据此检验与考核，达到通过清洁生产实现预防污染的目的。

清洁生产目标的设置应符合 SMART 原则，即目标应是具体明确的（specific）、可以衡量的（measurable）、努力可以达到的（attainable）、与环境战略保持相关（relevant）并且是有明确时限要求的（time-bound）。

1）清洁生产目标既包括针对全厂的总体清洁生产目标，也包括在确定审核重点后针对审核重点的具体清洁生产目标；

2）清洁生产目标应是定量化、可操作并有激励作用的指标，要求不仅有减污、降耗或节能的绝对量，还要有相对量指标，并与现状对照；

3）具有时间要求，要分近期和中远期，近期一般指到本轮审核结束并完成审核报告时为止，中远期目标的时限可结合行业特点及国家政策要求设置，或由企业自行设定期限；

4）清洁生产目标应予以分解到相关部门，明确规定相应的职责与责任人，并明确具体考核办法，以便于监督落实情况，并验证最终效果。

生产目标的设定既不能难度过高，也不能轻易完成，应该有一定的挑战性。研究表明，对于管理者而言，设定有一定难度的目标，是激发员工团队精神和挑战精神的一种好方法。

问：清洁生产目标设置依据是什么？

答：清洁生产目标从对标参照考虑，可以从与自己对比的标杆以及与行业水平对比的外部标杆两个方面来设置：

1）基于企业自身历史累积相关基准数据，包括能效水平、单位产能污染物排放水平等基准水平；

2）根据企业外部的强制性环保要求，如排污许可证要求、污染物提标改造要求、限期治理要求、当地行业的能效水平指标；

3）国家发布的行业清洁生产评价指标体系相关指标；

4）参照国内外同行业的先进技术水平。

而从目标的性质来分，可以有强制性目标与自愿性目标。污染物排放要求、行业质量标准、能效标准要求等有法律法规依据约束的目标及指标是强制性目标，强制性目标及指标具有刚性与执行上的严肃性；除此之外的其他降本增效的目标与指标就是自愿性目标，包括某些创新性的技术方案应用。

问：清洁生产审核方案有哪几类？无/低费和中/高费方案是什么规定？

答：清洁生产方案通常按照实施费用分为无/低费方案和中/高费方案。两类方案的费用划分没有统一标准，因此可根据行业和企业的实际情况自行划定。

问：清洁生产审核从原辅材料及能源方面可以考虑哪些常见的备选方案？

答：原辅材料及能源方面的备选方案可以从以下相邻可能中考虑：

1）选择低毒无毒的原辅材料。选择低毒无毒的原辅材料，将使企业生产过程中减少有毒、有害污染物的产生，也降低了污染物的处理难度与成本，以及后续对环境可能造成的潜在影响及风险。

2）源头上加强对原料质量的控制。对原料质量进行有效控制，有利于减少原材中存在的杂质成分，持续稳定原料质量，提高企业生产过程的质量控制水准，减少后续不合格品的产生。

3）采购量与需求动态匹配。不符合生产需求的过量采购会占用企业有限资金，同时占用企业有限的贮存空间，是一种浪费，将原辅材料采购及时与需求量进行匹配可减少资源的浪费。

4）加强供应商与承包商管理。如果具备条件，企业可以多选择一些供应商与承包商作为原辅材料供应者的储备，由供应商或承包商在厂区附近提供仓储场地，一方面可以通过供应商与承包商多样化降低价格，降低库存与仓储；另一方面也有利于企业的供应原辅材料体系更具韧性。

5）选择清洁能源作为能源供应。选择清洁能源作为能源供应，体现了企业对环境友好的态度，也会降低高污染能源所产生的污染物排放。

6）根据生产操作调整包装规格。某些生产作业过程常常有送料环节，过大或小的包装形式，可能会造成送料过程不合理的原辅材料浪费，调整包装大小及形式，有利于降低送料及加料环节可能产生的浪费。

7）减少生产现场危险原辅材料贮存量。减少生产现场危险原辅材料的贮存量，并及时清运产生的危险废物，有利于减少生产过程可能产生的职业健康危害以及潜在的环境风险。

问：清洁生产审核从技术工艺方面可以考虑哪些常见的备选方案？

答：技术工艺方面的备选方案可以从以下相邻可能中考虑：

1）改进人工备料过程。部分生产环节的人工备料可能由于作业误差及不精确，造成不必要的原辅材料的浪费，将人工备料过程改为自动进料与计量，有利于消除人工作业误差产生的浪费环节，同时提高效率，降低环境风险。

2）增加循环利用工艺。根据生产实际情况及条件，增加原辅材料及不合格品的循环利用工艺，有利于减少生产过程产生的废料及不合格品，降低生产成本，避免不必要的浪费。

3）选择无污染工艺。比如尽可能减少或取消产品生产过程中的污染工艺，如电镀工艺，有利于减少危险化学品的使用及污染物排放，也可减少危险废物的产生和随之而来的处理处置成本。

4）选择高效工艺。比如用静电喷涂替代传统喷涂，相比传统喷涂，静电喷涂的涂料利用率高、涂饰效率高，施工环境和劳动条件好，但同时应注意防火；再如涂料作业采用无气喷涂工艺代替普通人工喷涂，可提高喷涂效率，喷涂质量好，漆雾少，节约稀释剂。

5）优化进料作业动作。对生产过程所需要的作业动作进行分析评估，尽可能减少作业次数和环节，提高作业效率，也减少进料时间。

6）优化过程工艺参数。通过积累和跟踪评价现有生产工艺关键参数的表现，发现值得改进的领域，实施工艺革新或调整相关工艺参数，从而降低原材料消耗，提高生产过程产品的得率。

问：清洁生产审核从过程控制可以考虑哪些常见的备选方案？

答：过程控制方面的备选方案可以从以下相邻可能中考虑：

1）选择在最佳配料比下进行生产。通过对生产过程进行反复摸索与比对，找到最佳配料比，优化过程控制参数，节约生产过程消耗。

2）增加检测计量仪表。对生产活动增加过程控制所需的检测计量仪表，准确获得生产过程工艺控制参数,准确了解控制过程的状态。

3）提高检测计量仪表精度。提升生产活动涉及物料的检测计量仪表精度,采用灵敏度与精确度更高的计量仪器仪表,有利于更为准确地获得生产过程关键工艺参数及物料平衡的状况。

4）定期校准检测计量仪表。定期校准生产活动中涉及过程控制的计量仪表,可以获得准确的过程控制参数与数据。

5）完善过程控制及在线监控。完善生产活动中涉及过程控制的在线监控装备,以及时获得生产过程的动态数据,有利于做出准确判断与决策。

6）优化作业动作。对生产活动涉及的作业活动进行分析评估,减少不必要的作业环节与动作,节约作业时间,提高生产活动效率。

7）调整优化反应的参数。对生产活动涉及的关键参数通过反复试验与摸索,确定合理的反应参数,以最佳配比和最低消耗获得较多产品,以提高生产效率。

问：清洁生产审核从设备方面可以考虑哪些常见的备选方案?

答：设备方面的备选方案可以从以下相邻可能中考虑：

1）优化车间设备布局,减少作业动作与环节。通过合理布局和优化车间管线及设备布局,比如采用架设明管,优化整体生产线,减少不必要的能源损失、物流损失及人员生产效率损失,提高整体管理效率及生产效能。

2）替换高能耗、高污染、高损耗设备。及时替换处于高能耗、高污染及高损耗状态的设备与设施,减少不必要的能耗、物耗及对环境的影响。

3）安装高灵敏度感应与计量装备。通过安装高灵敏度感应与计量装备,提高监测与计量数据精度,可提升生产过程的数据质量。

4）对危险废物贮存现场安装视频监控装备。对危险废物贮存现场安装视频监控备,以控制由于人为因素所可能造成的环境风险。

5）制定设备维护保养计划,制订预防性维保计划。对生产设备制定维护保养,通过定期的预防性维保活动,消除潜在的故障隐患和事故源,保障生产装备处于正常状态,提高生产效率。

6）及时修补完善输热、输汽管线的隔热保温。对输热和输汽管线定期实施巡检,发现潜在的隐患,及时修补完善输热、输汽管线的隔热保温,提高热能利用效率。

7）采用环保型的润滑剂。采用环保型的润滑剂,有利于降低润滑活动对环境造成的不利影响。

8）采购低能耗、低噪声、低排放设备。在设备采购过程中，在合理的价格范围内，考虑采购低能耗、低噪声和低排放设备，不仅可以降低生产设备对环境的影响，也可以降低设备在生命周期中的使用成本。

9）将设备购买改为设备租赁。根据生产实际需要，在合理的价格范围内，将一次性购买设备的费用改为租赁设备，减少设备总体投入，节约资金成本。

10）采购可使用再制造零件的设备。优先购买可再制造或部分零部件可再制造的设备，以降低设备在生命周期中的使用成本。

11）增加收集装置。在生产控制过程中增加收集装置，可以减少物料或成品损失，也可以减少无组织排放以及对车间环境以及厂区周边环境造成的影响。

问：清洁生产审核中从产品方面可以考虑哪些常见的备选方案？

答：产品方面的备选方案可以从以下相邻可能中考虑：

1）产品采用可拆卸结构设计。

尽可能使产品及其部分设计为标准化与可拆卸构件，有利于产品及其部件的循环利用以及通用化，为今后产品或其零部件重复利用提供条件。

2）增加零部件的标准化、通用化。通过产品零部件设计标准化及可替代化，提高产品零部件的通用程度，降低企业生产成本。

3）产品采用轻量化设计。尽可能使产品在满足使用功能的前提条件下，合理选择原材料，使其重量减轻，减少产品在运输过程中所产生的能耗。

4）设计可再制造产品。将产品及其构成的零部件，尽可能设计为再制造产品，以提高产品在生命周期中的使用效率与频次。

5）选择无电镀、无喷涂、无涂装产品作为配件。尽可能选择无电镀、无喷涂、无涂装的产品构件作为产品零配件，以减少高污染生产工艺。

6）用高循环率或可降解包装替代现有包装。在产品包装的选择上，尽可能避免选择一次性包装材料或不可降解包装材料来运输产品，应选择可多次使用的包装材料或可降解的包装材料运输产品。

7）加强产品绿色营销。通过对产品申请环境标志及低碳标志认证，突出产品自身的环保及低碳属性；通过对产品增加绿色营销，营造绿色消费市场，同时使产品的环保及低碳属性能够获得市场份额与消费者的认可，提高企业绿色形象。

8）实施产品零库存管理。通过选择合适的供应商及承包商实现产品零库存,降低企业仓储成本。

9)产品研发阶段形成污染物排放系数。在产品研发阶段即充分考虑今后扩大生产后可能产生单位产品污染物的系数,目前很多建设项目缺乏类似的可比数据,无法对建设项目的污染物排放做出准确的评估。

10)产品研发阶段应用新技术提升效率。目前产品研发阶段的新技术层出不穷,例如,3D 打印技术能够减少产品研发过程的材料浪费;BIM 技术通过对建筑的数据化、信息化模型整合,使建筑设计、沟通与施工更为便捷;物联网技术使产品及设备寿命得以在线远程监控,有利于及时开展预见性维修等。

问:清洁生产审核从管理方面可以考虑哪些常见的备选方案?

答:管理方面的备选方案可以从以下相邻可能中考虑:

1)融合其他管理咨询方法。比如六西格玛管理、“5S”管理、TQM 管理、精益生产等,为清洁生产提供不同纬度的思路,将其符合节能减排、减污增效的方案与措施内容纳入清洁生产平台之中。

2)融合其他管理体系。清洁生产可以融合其他管理体系的要求,比如质量管理、职业健康安全管理、能源管理体系的相关规定,来优化管理效能,提升管理效率。

3)简化管理流程。通过优化现有管理流程、规章及作业规定,发现冗余管理步骤,在保障质量及安全的条件下,简化管理流程及作业环节,同时通过信息化技术逐步提升管理效率。

4)强化管理考核。结合信息化技术,形成企业产能、产品对应的污染物排放系数,从而形成科学定态的考核指标,同时通过针对不同生产岗位制订严格的岗位责任制、考核指标以及操作规程,控制与减少生产过程不必要的损耗。

5)加强生产过程信息化管理。通过生产过程中台账、数据的信息化,将环境保护相关信息与生产过程信息有效整合起来,并将其转化为可视化结果,强化对生产过程全程全貌管理,有效掌控第一手信息。

6)加强现场巡视。通过对生产现场的定期巡检,或利用可行的智能化及信息化手段提高巡检频次与精确性,查找跑冒滴漏现象,及时发现能源消耗的环节,以及污染物不正常排放的现象,有效控制环境风险;目前无人机、厂区机器人等装备在某些行业已经逐步成为生产现场重要区域开展高频次巡查巡检的手段。

7)选择环境信用良好的承包商与供应商。选择环境信用良好的承包商与供应商,有利于在供应链中传达企业的清洁生产理念,鼓励供应商积极参与清洁生产,为企业提供清洁的能源、包装、零部件与服务。

8）编制企业清洁生产简报。通过编制企业清洁生产简报,宣传企业不同阶段所取得的清洁生产成效,对比清洁生产审核前后的效果,以鼓励团队及企业士气。

9）专人负责跟踪行业内清洁生产技术动态。设定专人负责跟踪行业内清洁生产技术动态,组成团队定期评估这些技术应用于企业生产工艺、装备改进、产品设计、原辅材料替代、污染物治理的可行性。

10）加强行业内清洁生产与节能减排的技术与业务交流。通过加强行业内清洁生产与节能减排的技术与业务交流,探索将最新技术应用于企业生产工艺、装备改进、产品设计、原辅材料替代、污染物治理的可行性。

11）定期回顾企业清洁生产现状。管理层应定期回顾企业的清洁生产现状,通过全员努力与投入,持续不断地寻找可能改进的潜力与领域。

12）设置合理的清洁生产目标并予以分解。通过设置合理的清洁生产考核指标并予以分解,使清洁生产目标落实到相关部门与责任人,形成责任到人、责任到岗。

问:清洁生产审核中在废物方面有哪些常见的备选方案?

答: 废物方面的备选方案可以从以下相邻可能中考虑:

1）冷凝液的循环利用。通过回用生产过程中产生的冷凝液,提高物料的生产效率。

2）现场分类收集可回收的物料与废物。组织对生产过程中产生的可回收物料与废物进行分类与回收,提高物料的回用率,降低废物对环境造成的影响。

3）由供应商在现场安装废物回收装置直接回用于生产过程。对于部分有利用价值的废物,组织供应商在生产现场安装回收及循环利用装置,回用于生产过程。

4）余热利用。发现现有能源利用与使用存在的薄弱环节及问题点,积极采取措施回收利用生产过程及辅助过程产生的余热,提高能源使用效率。

5）清污分流。对生产过程中产生的低浓度废水和高浓度废水在产生后进行分流,降低污染物处理的难度与成本。

6）污废分流。对生产过程中产生的工业废水和危险废物在产生后进行分流,避免废水混入危险废物中增加体积,以降低危险废物的处理成本。

7）形成产废指标与系数。通过长期数据积累，结合信息化技术以及应用最新的监测手段，形成生产工艺、工段及产品的产废系数及考核指标，将废物排放管理融入生产经营过程中。

8）合理安排生产计划，避免产品规模切换造成的废物量上升。企业中有一种现象较为普遍，由于产品规格切换频繁，导致物料变更切换频繁后增加了设备清洗次数，使污染物产生量上升。这就需要对生产计划进行合理安排，以避免上述情况。

问：清洁生产审核中员工方面有哪些常见的备选方案？

答：员工方面的备选方案可以从以下相邻可能中考虑：

1）将绩效考核与清洁生产活动相互结合。在企业考核制度层面，将部门及员工绩效考核与清洁生产活动相互结合起来，有利于提高部门及员工的主动性与积极性。

2）加强员工技术与环境意识的培训。加强员工技术与生态环境意识的培训，有利于提升员工的作业技能和生态环境意识。

3）开通或整合合理化建议渠道。通过设立或整合合理化建议渠道，广开言路，采集众人智慧，有利于吸纳与清洁生产有关的各种建议与意见。

4）举办知识与技术竞赛。可以通过举办与清洁生产政策法规有关的知识竞赛，以及与清洁生产作业相关的技术竞争，树立典型样板，刺激员工主动参与清洁生产的积极性与自觉性。

5）采用各种形式的精神与物质激励措施。适当推出各种形式的精神与物质激励措施，奖励先进，鞭策后进，鼓励全员参与，使清洁生产理念能够破除思想壁垒而深入人心，成为企业的一种文化精髓。

6）为员工及管理层提供培训与学习机会。员工及管理层的视野与知识，决定了他们参与生产过程提出建议与意见的质量。因此为员工及管理层提供培训与学习机会，有利于开拓他们的视野与思路，更好地为企业清洁生产出谋划策，利用好每个人的智慧。

三、审核

审核阶段目的是为了通过物料平衡（水平衡）和/或能量平衡等工具，对审核重点的物质流和/或能量流进行全面量化分析，发现生产过程中物料和/或能源利用效率低（即物料流失、能源损失及废物产生）的环节，分析找出问题形成的原因，为后续清洁生产方案的产生提供依据。简而言之，“找重点、找原因”（图 2－3）。

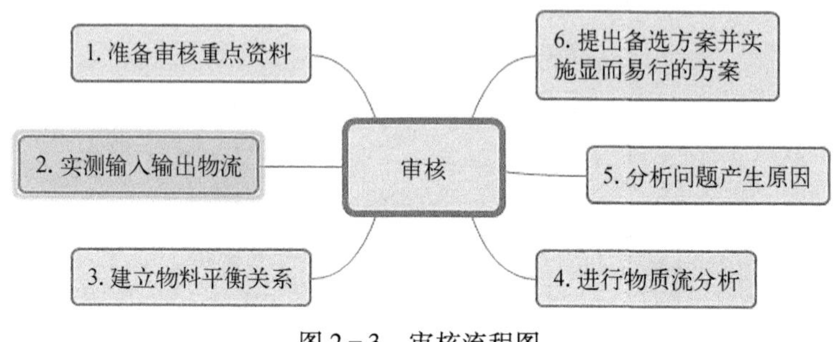

图 2－3　审核流程图

本阶段的工作重点是都是围绕着审核重点展开的，实测输入输出物流，建立物料平衡，进行物质流分析，发现问题并分析问题产生原因。简而言之，针对重点要“建平衡，找问题。”

针对审核重点收集相关工序或工段的有关资料与数据，绘制生产工艺流程图。如果在预审核阶段已经收集了非常详细的资料，则本阶段可以适当予以简化。

审核组在寻找出问题产生的原因时，一般也是从影响生产过程的八大方面来进行，即我们熟知的原辅材料和能源、技术工艺、过程控制、产品、废物、设备、员工、管理。

问：收集审核重点资料应包括哪些方面？

答：（1）工艺资料

收集审核重点的工艺流程图、工艺设计的物料平衡数据、工艺操作手册和说明、设备技术规范和运行维护记录、管道系统布局图、车间内平面布置图等。

（2）原辅材料和产品数据

收集审核重点的原辅材料进厂检验记录、产品种类、规格及产能（月、年度产量表）、原辅材料消耗统计表，以及产品和原辅材料库存记录、车间的各类经济指标考核表。重点关注审核重点是否涉及有毒、有害原辅材料的使用。

（3）能源消耗数据

收集审核重点的能源、水资源消耗数据以及计量器具配置情况。

（4）污染排放物数据

1）收集涉及审核重点的废水、废气、噪声的环境监测报告；

2）收集涉及审核重点的废物管理产生与贮存台账、废物处理处置费用及总量以及危险废物五联单数据；

3）收集污染物处理设施运行和维护费、缴纳环境税费、危险废物处理处置费用等。

重点关注企业污染物排放是否实现了稳定达标排放，是否存在超标排放的潜在风险。

（5）国内外同行业资料

此要求为寻找企业的对标标杆，包括针对审核重点的国内外同行业单位产品原辅料消耗情况、国内外同行业单位产品排污情况、行业清洁生产标准及评价指标体系。全球跨国集团下属企业的这些数据可能比较容易获取，可以在全球范围内，寻找同行业标杆进行对比，评估企业处于行业的大致水平。

问：如何实测输入输出物流？

答：在获得现有生产数据的基础上，通过实测全面获得审核重点的输入、输出物流数据，以验证或深入分析评估审核重点物料平衡现状和问题产生原因是完全有必要的。

对审核重点开展实测是当前清洁生产审核实施的重点，但也是难点，并非所有的第三方机构都有能力开展物料的实测工作，也并非所有企业都能够提供连续的物料数据。在审核开展过程中，企业的生产技术人员往往才是物质流平衡的专家，缺乏生产过程的详细全面的数据，往往是开展深入分析评估的障碍。

问：开展实测监测要求有哪些注意事项？

答：（1）监测项目

应对审核重点全部的输入、输出生产物流进行实测，包括原料、辅料、水、产品、中间产品及废弃物等。

物流中组分的监测是根据实际工艺情况来确定的，确定监测组分的基本原则，以便满足清洁生产审核中后续对物质流的分析。监测项目可包括以下内容：

1）实测输入物流。输入物流指所有投入生产的输入物，包括进入生产过程的原料、辅料、水、汽以及中间产品、循环利用物等。主要考虑：

- 数量（质量）；
- 组分（元素、成分）；

• 实测时的工艺条件(压力、温度、反应时间)。

2) 实测输出物流。输出物流指所有排出单元操作或某台设备、某管线的排放物,包括产品、中间产品、副产品、循环利用物以及废物(废气、废渣、废水等)。

• 数量(质量);
• 组分(元素、成分);
• 实测时的工艺条件(压力、温度、反应时间)。

(2) 监测点位

监测点位的设置应满足开展物料衡算的要求,即对主要物流的进出口要进行监测,如果因工艺条件所限无法监测某些中间过程,可以考虑用理论计算数值代替。

(3) 实测时间和周期

对周期性(间歇)生产的企业,按正常一个生产周期(一次配料由投入到产品产出为一个生产周期)进行逐个工序的实测,而且至少实测三个周期。

对于连续生产的企业,应连续(跟班)监测 72 小时。输入输出物流的实测注意同步性,即在同一生产周期内完成相应的输入和输出物流的同步实测。上述监测往往指生产过程的物料监测,而对于污染物的监测往往只能通过有代表性的监测数据来体现,但在数据质量上,可获得的在线监测数据应优于人工监测数据。

(4) 实测条件

应在正常生产工况下,按规范的样品采集和检测方法进行实测。正常工况是数据真实有效的前提条件,也是换算对应产能物料平衡的基本条件。一般情况下由于条件所限,只能在现有技术能力水平下实施对现有生产过程的监测,由此所产生数据的代表性实际上也受到一定程度的限制。

(5) 形成记录

边实测边记录,及时记录原始数据,并标出实施测定时的工艺条件(温度、压力、反应时间等),最好是形成可视化结果并予以展现。如企业已具备针对生产过程相应的监测条件,则是获得实测数据的最佳条件。在某些初具智能化管理的生产企业中,获得在线实时的实测数据并不算困难。

问:建立物料平衡有哪些注意事项?

答:“数据即资产”,数据是管理层作出判断的重要依据,实测数据就是要取得审核重点的真实、有效的数据,反映物料输出输入的现状。实施物料平衡的目的是量化分析物料的输入输出，准确地判断审核重点的物质流，包括物质流和废物流，定量地确定各类物料、废物数量、成分以及去向，在此基础上分析排查并明确无组织排放、物质流失环节以及利用效率低、产生废物的原因，并为产生和确定清洁生产方案提供科学依据。开展物料平衡的基本原则是真实、有效，其平衡数据应反映生产过程的实际工况。企业应根据不同的审核重点、审核目的、生产工艺特点等，编制有针对性的物料平衡。

总质量平衡是针对全部物料的输入输出进行平衡和量化分析，元素平衡是针对生产过程中某一重要元素，比如某些重金属及贵重物料等的输入输出进行平衡和量化分析。

成分平衡是针对生产过程中物料某一特定的有效成分进行平衡和量化分析，其中水平衡则是针对生产过程水的输入输出进行平衡和量化分析。

严格意义上讲，水平衡是物料平衡的一部分，如果水参与生产过程的反应，则水是物料的一部分。但在多数情况下，水并不直接参与反应过程，而是作为清洗和冷却用途。在这种情况下，且当审核重点的耗水量较大时，为了了解耗水过程，寻找减少水耗的方法，建议应另外编制水平衡图。

在某些情况下，审核重点的水平衡无法全面反映问题或水耗在全厂占有重要地位时，可以考虑对全厂编制整体的水平衡图。如审核重点涉及有毒、有害物质，建议建立有毒、有害物质平衡甚至元素平衡，进行有毒、有害物质的物质流平衡分析；如果审核重点涉及能耗高的问题，则可以建立能量平衡，在此基础上进一步进行能源效率评估与分析。

由于生产技术所限，按照传统清洁生产审核原来的惯例与认知，如果输入总量与输出总量之间的偏差在5%以内，则可以用物料平衡的结果进行随后的有关评估与分析，但对于贵重原料、有毒成分等的平衡偏差应更小或应满足行业要求。如果平衡计算的结果偏差大于5%，就要分析造成这种较大偏差的原因。

如果存在实测数据不准或无组织物料排放等情况，可返回物质流程图快速找到产生较大偏差的部位，通过重新实测或其他手段完善工艺流程物料平衡图，为后期分析废物产生的原因提供基础数据。平衡偏差大于5%的工段或环节，往往是重点领域，易产生中/高费方案。

但同时应当认识到，当前阶段随着生产工艺及装备水平的提高、感应器技术的不断发展以及信息化技术的进步，我们认为5%的偏差已经是非常大的偏差了，本身已经存在较大的改进空间，企业应该设定比5%更严的偏差标准来对物料平衡进行核算。假设,某单一工段就允许5%的偏差,如果工段数量上升,则总体的物料损失不断叠加将产生惊人的可允许损失,这本身也是不正常的。

举个例子,在工段允许5%的偏差情况下,经过3个工段,原材料的损耗就可以最大达到10%左右;而经历5个工段后,原材料的损耗竟然可以高达近20%。在工段允许2%的偏差情况下,经过3个工段,原材料的损耗最大为4%左右;而经历5个工段后,原材料的损耗为近8%。在工段只允许1%的偏差情况下,经过3个工段,原材料的损耗最大达到2%左右;而经历5个工段后,原材料的损耗为近4%。这样我们也就可以理解,正是由于偏差的传递性,所以六西格质量管理要求会提出百万分之三点四的要求。

同时审核组也应该注意,即使是实测的物料平衡也仅代表审核重点生产过程某一时间段内的物料平衡情况,对于该时间段的物料平衡是否能够代表全年物料平衡现状,建议通过其他侧面的资料与信息进行交叉验证。

问:如何从原辅料和能源角度来分析审核重点问题产生的原因?

答:原辅料指生产中主要原料和辅助用料(包括添加剂、催化剂、水等);能源指维持正常生产所用的动力源(包括电、煤、蒸汽、油等)。因使用原辅料及能源而导致产生废物,一般可以考虑以下几个方面的:

1)原辅料不纯,质量指标不符合要求;

2)原辅料运输、计量、储存、转移、分发、使用过程中存在不合理损耗、散失与流失;

3)生产所需原辅料配比设定的参数不合理;

4)使用的催化剂效率不高;

5)原辅料及能源消耗超过定额标准;

6)使用有毒、有害原辅料;

7)未利用清洁能源和二次资源。

在分析原辅料及能源产生问题原因时,应有能源管理部门、生产部门与采购部门的技术人员参与,共同进行分析。

问:如何从技术工艺角度对审核重点问题产生的原因进行分析?

答:因技术工艺而导致产生废物的,可能主要有以下几个方面的原因:

1)现有生产技术工艺落后,原料转化率低;

2)车间管线与生产设备布局不合理,物料无效传输线路长;

3)生产过程涉及的化学反应及转化步骤过长;

4）生产工艺连续性和稳定性差；

5）生产工艺设计工艺标准过高过严；

6）生产工艺使用有毒、有害物料。

在从技术工艺角度分析审核重点产生问题原因时，应由企业生产及工艺部门的技术人员共同进行分析，一般情况下，对技术工艺参数的改变是非常慎重的，最终确定要变更生产工艺参数时仍需要遵守企业相关的技术文件流程。

问：如何从设备角度对审核重点产生问题的原因进行分析？

答：因设备而导致产生废弃物的，可能主要有以下几个方面原因：

1）跑冒滴漏现象普遍，设备陈旧老化，管线存在漏损；

2）设备整体自动化、信息化水平低；

3）生产设备以及管线之间布局不合理；

4）主体设备和公用设施不匹配；

5）设备缺少维护和保养计划；

6）环保设备没有得到有效维护与保养；

7）设备采用的辅助材料对环境有影响，如机械设备的乳化液；

8）设备维修缺少必要的备品备件；

9）设备主要功能不能完全满足工艺要求。

在分析设备产生问题的原因时，应由设备管理部门和生产部门的技术人员共同进行分析。

问：如何从过程控制角度对审核重点产生问题的原因进行分析？

答：因过程控制而导致产生废弃物的，主要有以下几个方面原因：

1）计量检测、分析仪表不齐全或监测精度达不到要求；

2）某些工艺参数（例如温度、压力、流量、浓度等）未得到有效控制；

3）过程控制水平不能满足技术工艺要求；

4）过程控制人员素质没有达到岗位要求；

5）过程控制装备没有及时维护保养；

6）过程控制未考虑应急状态下的废弃物处理要求；

7）过程控制数据缺少定期分析与评估。

问：如何从产品角度对审核重点产生问题的原因进行分析？

答：产品包括审核重点内生产的产品、中间产品、副产品和循环利用物，由于产品而导致产生废物的，主要有以下几个方面原因：

1）产品储存和搬运中的破损、漏失；

2）产品的转化率低于国内外先进水平；

3）使用了不可降解的产品包装；

4）产品设计跟不上市场需求，导致库存增加。

在分析审核重点产品产生问题原因时，应由能源管理部门、生产部门人员以及质量控制技术人员共同进行分析，尤其是不合格品控制应考虑现有的对策措施。

问：如何从废物产生角度对审核重点产生问题的原因进行分析？

答：从废物产生角度分析，可能主要有以下几个方面原因：

1）对可利用废物未进行再利用和循环使用；

2）生产过程产生的危险废物总量较大；

3）产品及包装废弃物进入流通环节后对环境有较大影响；

4）单位产品废物产生系数高于国内外先进水平；

5）单位产品污染物排放系数高于国内外先进水平；

6）对部分危险废物未进行预处理以缩小体积及降低处理成本；

7）产品生产计划安排是否合理，产品规格切换是否会造成污染物产生量上升。

问：如何从管理角度对审核重点产生问题的原因进行分析？

答：因管理而导致产生废弃物的，主要有以下几个方面的原因：

1）绩效考核与清洁生产管理未有效结合；

2）现行的管理制度存在相互矛盾或管理盲区；

3）产品编码规则不统一，可能造成原辅材料混用和误用；

4）生产过程的纸质数据与信息缺乏系统分析归纳；

5）岗位操作规程未覆盖作业全过程管理；

6）同一领域存在多头管理的现象，员工无所适从；

7）各信息化软件相互不兼容，存在信息孤岛；

8）缺乏能够激励员工的奖惩办法；

9）生产计划变化快，导致不合格产品较多；

10）生产管理缺乏协调，无法应对较短的交货周期和小批量生产。

围绕审核重点，管理方面的原因分析，尤其是大型企业存在着巨大潜力，要充分考虑企业现有正在实施的现场管理改善、可视化管理、物料管理、生产计划、库存管理、采购管理、成本管理、物流管理、产品生命周期管理等方面的理论与知识，使清洁生产能够像一个杠杆一样，通过管理来撬动和产生实际效益。

问：如何从员工角度对审核重点产生问题的原因进行分析？

答：因员工而导致产生废物的，主要有以下几个方面原因：

1）整体员工清洁生产意识与素质有待提高；

2）操作员工不按规程作业；

3）生产管理人员缺少清洁生产意识；

4）产品设计人员不注重和不了解清洁生产理念；

5）工艺人员清洁生产意识不强；

6）员工流动率高，作业岗位缺少熟练操作人员；

7）设备设施作业员工的技能无法满足要求；

8）对员工及管理人员缺少培训；

9）缺乏对员工主动参与清洁生产的激励措施。

四、方案产生和筛选

方案产生和筛选是企业进行清洁生产审核工作的第四个阶段。本阶段的目的一是针对问题形成原因的分析结果提出解决方案，二是对清洁生产审核过程中产生的方案进行全面系统的汇总、梳理和筛选，为下一阶段的可行性分析提供初步可行的中/高费清洁生产方案。

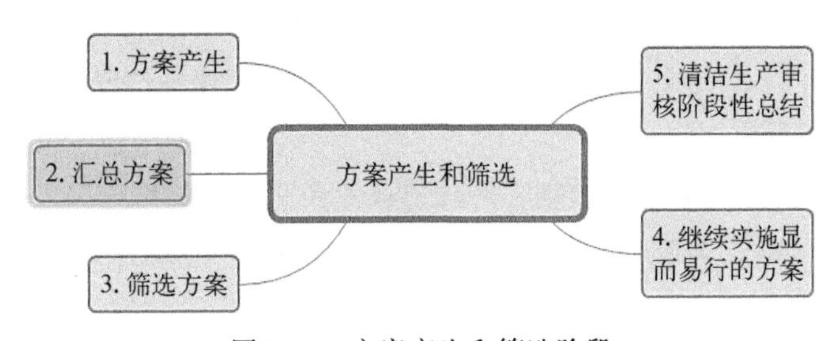

图 2－4　方案产生和筛选阶段

本阶段的工作重点是通过评估阶段的分析结果，产生审核重点的清洁生产方案；并在分类汇总前期全部清洁生产方案的基础上，从环境、经济、技术等角度来筛选确定出两个及以上中/高费方案供下一阶段进行可行性分析。简而言之，"找方案、选方案"。

问：如何快速产生清洁生产方案？

答：（1）在企业内部广泛动员，形成无/低费方案

管理层面,要在全厂范围内确立鼓励创新的清洁生产管理制度与奖惩政策,利用各种渠道和多种形式,进行宣传动员,融合各种管理思路,鼓励全体员工提出清洁生产方案或合理化建议。通过生产实例教育、树立清洁生产先进典型人物,激励和鼓励创造性思想和方案的产生。一般情况下,大多数无/低费方案是通过企业自身的渠道与途径形成的。

(2) 充分利用能源审计报告,形成能源中/高费方案

能源审计报告是能耗大户在特定周期内要开展的节能活动,一般要邀请行业专家及能源专家对企业生产全过程进行能耗诊断,发现能耗高的生产环节,提出相应的整改方案与措施。其中针对审核重点的方案与措施即可作为清洁生产审核能源类中/高费方案的重要组成部分。

(3) 组织环保技术资源形成污染减排类中/高费方案

对于由于污染物超标排放、限期治理和提标改造原因而列入清洁生产审核名单的企业,其审核重点很明确,就是要针对上述环节,结合物料平衡结果,针对问题产生原因,通过第三方或企业由组织相关技术力量,包括外部专家及资源,形成能够实现污染物达标排放的污染减排类中/高费方案。

(4) 广泛收集国内外同行业先进技术

从技术角度出发,行业类比是产生方案的一种快捷、有效的方法。企业应组织工程技术人员广泛收集国内外同行业的先进技术,多向同行学习,交流相关的经验,多参加行业组织的技术研讨会,并在企业技术人员中形成一种良性循环机制。企业基于以上基础,可以结合本企业的实际情况,逐步形成清洁生产技术方案的储备库与资源库。

问:产生方案遵循什么原则?产生方案主要来源于哪些方面?

答:无/低费方案与中/高费方案的实质是改进企业清洁生产绩效的管理与技术手段,是依据法律法规、标准要求,综合考虑现有行业技术发展总体趋势,结合企业自身管理现状而提出的环境行为改进领域。清洁生产审核过程中产生方案的原则是尽可能全面、系统地产生方案,针对八个方面产生问题的原因,通过组织管理和技术人员反复讨论,提出相应的清洁生产方案,系统解决每一个问题的方案可能有单个或者多个,包括无/低费方案和中/高费方案。

清洁生产涉及企业生产和管理的各方面,虽然进行物料平衡和各类清洁生产问题产生原因分析非常有助于方案的产生,但是为了全面、系统地解决问题,仍需须反复从影响生产过程的八个方面进行全面分析,从而能够系统地形成方案,即:

1）原辅材料和能源替代；

2）技术工艺改造；

3）设备维护和更新；

4）过程优化控制；

5）产品更换或改进；

6）废物回收利用和循环使用；

7）加强管理；

8）提升员工素质以及积极性的激励措施。

可见，产生方案的角度与审核重点分析时产生问题的角度是一致的。

一些清洁生产备选方案（如优化工艺过程参数），虽然是无/低费方案，但是涉及生产工艺、设备等多种复杂因素，需要经过细致、严谨的论证和充分筹划才能实施。因为工艺过程参数的变动会导致产品规模及标准的变化，如果没有严格的管理要求，会导致不合格品率的上升，反而会造成资源浪费。

对于需要淘汰更新的落后设备，虽然是中/高费方案，但属于显而易见且易行的方案，其可行性不需要进一步评估论证，企业可以直接实施。

五、可行性分析

可行性分析是清洁生产审核的第五阶段。本阶段工作重点是在研制方案的基础上，进一步明确方案基本内容，对方案进行技术、环境、经济（财务）等方面的可行性分析与比较，从中筛选和推荐形成最佳可行方案，供后续阶段实施（图2-5）。简而言之，"做分析、出方案"。可行性分析对于筛选出最终方案具有决定性作用，但实际上都是有一定前提条件的。

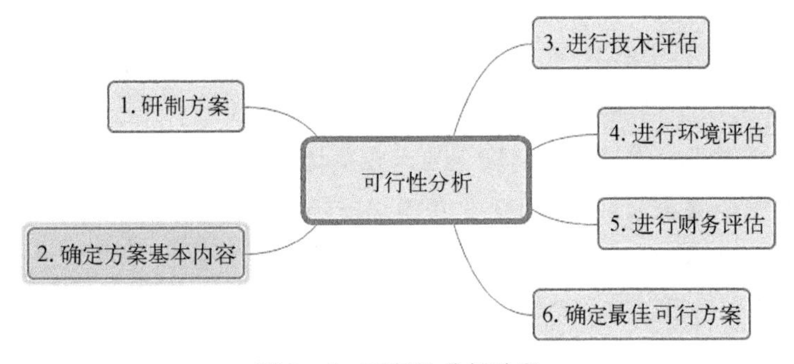

图2-5　可行性分析阶段

在实际过程中，企业相对封闭的生产经营必须与开放外部市场对接，而市场环境及经济运行是持续变化的，本身具有不确定性及不可预测性，因此，不可过分高估可行性分析的作用。在现实环境中，技术、环境与经济评估都具有可行性，但依然遭到市场冷遇的产品与项目并不少见。

理论上，最佳可行方案是指该项清洁生产方案在技术上先进适用、在经济（财务）上回报合理，同时又能兼顾预防污染与保护环境的优化方案。

问：如何开展方案研制？

答： 经过筛选得出的初步可行的中/高费清洁生产方案，仍需要从工程化角度提出具体的技术要求，从而提供两个及以上方案进行可行性分析。方案的研制内容包括以下四个方面：

1）方案的工艺流程详图；

2）方案的主要设备设施清单；

3）方案费用和效益估算；

4）编写方案说明。

对每一个初步可行的中/高费清洁生产方案均应编写方案说明，主要包括方案技术原理、主要设备、主要技术经济指标、可能对环境产生的影响以及潜在问题等。一般说来，对筛选出来的每一个中/高费方案进行研制和细化时建议考虑以下几方面的因素。

1）整体协调性。应综合考虑新方案的不同操作单元在投入运营后，对整体生产系统的协同性以及其他生产过程的影响，如新方案与原有设施设备之间整体衔接，在方案改进的同时会形成效益协同。对比老方案核算其产生的经济效益和环境效益，除了产品指标提升效益方面，同时要关注能耗、水耗及污染物排放方面可能取得的效益，也要关注产品全生命周期的效益。

2）工艺闭合性。新方案在技术上应尽量采用具有闭合性的工艺流程，使工艺流程对生产过程中的载体，如水、溶剂等，实现闭路循环。新方案选用的技术应具有合理利用原料、降低能耗和物耗、减少劳动量和劳动强度等优点。另外需强调的是，有时环境保护要求与安全要求在具体执行环节会有冲突，比如环保要求闭合，而安全要求开放，此时新方案要求应通过环评及安全评估环节，确认与协调主管部门的要求。

3）生产无害性。清洁生产所选择的生产工艺应该是无污染、少污染或低污染的工艺路线，尽可能减少对环境的影响；同时应使生产过程不对作业人员产生职业健康安全危害,也不影响周边居民的身体健康。另外,具备条件时,应考虑使产品本身具有低碳、节能、可循环、可降解等生态环境属性。

4）管理体系韧性。在关注效益的同时,拟实施的中/高费方案也要充分考虑可能产生的潜在问题,比如考虑在产能高负荷及应急场景下的应急与缓冲措施及影响,使生产组织过程更具灵活性、更抗冲击,构建更具韧性的生产管理体系。

问:是否所有方案都要开展市场调查和预测?

答:清洁生产方案如果涉及产品方面的以下情况时,需要进行市场调查和预测:① 计划对产品结构与原辅材料选择进行调整或变更;② 工艺改变导致有新的产品或副产品产生;③ 产品及工艺改变产生需要销售给其他用户用于生产的原辅材料。

（1）调查市场需求

调查内容可以包括国内同类产品价格、预计市场容量、现有市场销量、产品出口市场容量、产品在区域及国际市场竞争力、市场对产品的改进意见、产品及副产品的质量标准、行业经济指标分析,甚至还包括行业竞争者总体情况。

（2）预测市场需求

预测内容包括产品涉及的行业政策环境分析、行业竞争格局预测、国内市场发展趋势预测、国际市场发展趋势分析、产品开发生产销售周期与市场发展的关系。

预测市场需求与最终产品实际需求有一定距离,甚至往往有一定的偏差,这与市场环境的开放性与不确定性有较大的关系。

无论是调查市场需求还是预测市场需求都是难度相当大的工作,是针对一个开放性系统进行评估与预测,这与针对相对封闭的生产系统进行评估是完全不同的范畴,因此其预测结果具有很大的不确定性,这是应该注意的。

真正能够源头减废的清洁生产方案,往往与产品选择了无毒、无害原辅材料有关,但从产品就开始实施改变在实际过程是非常庞大的工程,需要长期的准备与调研,往往在1~2年内是无法完成的。

在实际开展审核过程中,涉及产品的中/高费方案往往要经历多年的调研才可能真正实施。因此绝大多数中/高费方案不会涉及产品方面的上述情形,此时可忽略市场调查和预测两个阶段,直接调研并进一步确定中/高费方案的基本内容。

问:SWOT 分析法是否可以在中/高费方案确定中予以应用?

答:SWOT 英文含义:S(strengths)是优势,W(weaknesses)是劣势,O(opportunities)是机会,T(threats)是威胁。

优势：是组织机构的内部因素，具体包括有利的竞争态势、充足的财务保障、良好的企业形象、技术力量、规模经济、产品质量、市场份额、成本优势、广告攻势等。

劣势：也是组织机构的内部因素，具体包括设备陈旧、管理混乱、缺少关键技术、研究开发落后、资金短缺、经营不善、产品积压、竞争力弱等。

机会：是组织机构的外部因素，具体包括新产品、新市场、新需求、区域市场开放、贸易壁垒解除、竞争对手失误、市场差异化等。

威胁：也是组织机构的外部因素，具体包括新竞争对手、替代产品增多、市场紧缩、行业政策变化、经济周期处于衰退、客户偏好改变以及突发事件等。

按照企业竞争战略概念，战略应是一个企业“能够做的”（即组织的强项和弱项）和“可能做的”（即环境的机会和威胁）之间的有机组合。所谓 SWOT 分析，即基于内外部竞争环境和竞争条件下的态势分析，就是将与研究对象密切相关的各种主要内部优势、劣势和外部的机会和威胁等，通过调查后依照矩阵形式排列，然后用系统分析的思想，把各种因素相互匹配起来加以分析，从中得出一系列相应的结论，供管理层决策。

SWOT 方法的优点在于考虑问题全面，是一种系统思维，而且可以把对问题的“诊断”和“开处方”紧密结合在一起，条理清楚，便于检验。这种方法应用于中/高费方案的分析，可以使中/高费方案在企业战略与竞争力层面的影响分析更加系统、全面和准确，从而有利于中/高费方案能够被最高管理层理解与接受。

问：如何进行方案的技术评估？

答：技术评估，是研究项目在预设条件下为达到投资（清洁生产）的目的所采用的工程化技术是否可行。技术评估应着重评价以下几方面：

1）方案设计中采用的工艺路线与技术设备，与国内外类似工艺对比，在经济合理的前提下的先进性和适用性；

2）与国家产业政策、能源政策以及区域规划的符合性；

3）技术引进或设备引进后能否在一定期限内予以消化吸收；

4）配套污染治理技术达到国家与地方的污染物排放标准的稳定性；

5）拟采用技术的资源及能源利用效率；

6）技术设备操作及后期维护上的安全性、可靠性及便利性；

7）技术成熟度，比如国内外是否有已经应用的先例。

大型投资项目的技术评估，建议组织行业技术专家、环保专家、装备专家进行专项评估。

问：如何进行方案的环境评估？

答：任何一个清洁生产方案都应有显著的环境效益（包括资源能源效益），环境评估是方案可行性分析的核心，环境评估应包括以下内容：

1）单位产能的资源与资源消耗水平；

2）单位产能对应的污染物排放系数；

3）污染物组分的毒性及其可降解性；

4）污染物可能导致的二次污染；

5）污染物在应急状态下污染处理要求；

6）操作环境对人员健康的影响；

7）产生废物的重复利用可行性；

8）产品进入流通环节后循环利用和再生回收。

企业尤其应关注单位产能的污染物排放系数，目前在各类投资项目开展环境影响评价阶段都缺少此类数据，该项数据是当前环境准入标准的指标之一，新改扩建项目都需要提供该指标来证明建设项目在环保上的先进性。

问：中/高费方案财务评估准则是什么？

答：（1）单个方案判别准则

1）净现值 NPV≥0。按照设定的折现率计算的净现值大于或等于零时，表明项目的盈利能力超过或者达到预期盈利水平，则认为此项目在财务上可接受。

2）内部收益率 IRR≥行业基准收益率 ic。当内部收益率 IRR 大于或等于所设定的判别基准（即行业基准收益率 ic）时，也表明项目的盈利能力超过或达到预期盈利水平，项目方案在财务上可接受。

3）静态投资回收期 Pt<基准投资回收期 P0。投资回收期是评价项目盈利能力和抗风险能力的一项参考指标。投资回收期越短，表明项目投资回收越快，抗风险能力越好。静态投资回收期的判别标准是基准投资回收期，其取值可根据行业水平或者投资者的预期水平来设定。投资回收期小于基准投资回收期，则项目投资方案可接受。

（2）互斥方案比选准则

对项目寿命期相同的两个以上互斥方案进行比较选择时，在选用相同的基准折现率进行计算的基础上，应选择净现值最大的方案。

问：如何确定最佳可行方案

答：确定最佳可行方案，一般情况下要通过汇总并列表比较各个推荐的中/高费方案的技术、环境、财务评估结果，来确定最佳可行的实施方案。

（1）内部收益率 IRR≥行业基准收益率 ic

当内部收益率 IRR 大于或等于所设定的判别基准（即行业基准收益率 ic）时，表明项目的盈利能力超过或达到预期盈利水平，则项目方案在财务上可属于接受范围。

（2）静态投资回收期 Pt<基准投资回收期 P0

投资回收期是评价项目盈利能力和抗风险能力的一项参考指标。投资回收期越短，表明项目投资回收越快，抗风险能力越好。静态投资回收期的判别标准是基准投资回收期，其取值可根据行业水平或者投资者的预期水平设定。投资回收期小于基准投资回收期，则项目投资方案属于可接受范围。

六、方案实施

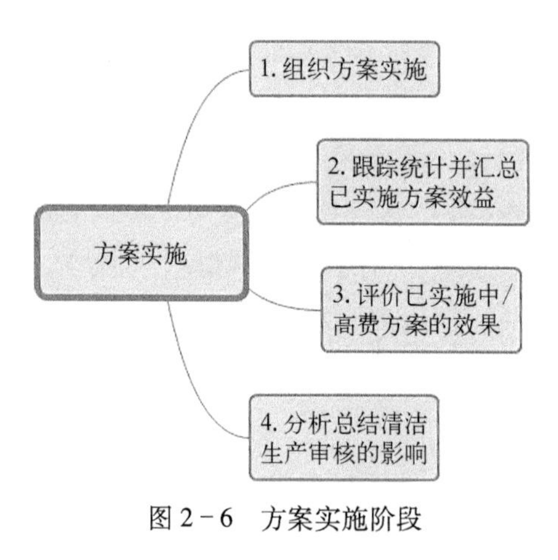

图 2-6 方案实施阶段

方案实施是清洁生产审核的第六个阶段。本阶段目的是通过推荐方案（经分析可行的中/高费最佳可行方案）的实施，提高企业的清洁生产水平，并获得显著的经济和环境效益；同时通过评估已实施的清洁生产方案效益，激励企业推行清洁生产。

本阶段的工作重点是组织方案实施、汇总已实施方案效益、评价已实施中/高费方案的效果、整体评价已实施方案对企业的影响（图 2-6）。

问：清洁生产审核过程中可以使用哪些成熟的分析工具与方法？

答：回归分析可以针对具有相关关系的两个或两个以上变量之间数量变化的一般关系进行测定，确定因变量、自变量之间的数量变动关系，是在清洁生产审核过程中常用的统计分析工具。

对于工业企业，回归分析可以用于分析产能与能耗、水耗及物耗之间的关系。在相对较为封闭的企业生产过程，通过建立相关性方程，其相关性近似认同为因果关系，可以为今后企业内部能耗、水耗及物耗管理形成规律性经验，便于提升自身的管理水平。

如图 2－7 为污水处理量与电耗回归分析方程，对 R^2 进行相关系数检验，其结果显示是可信的，表明企业的废水处理量和电耗具有一定的线性相关性。

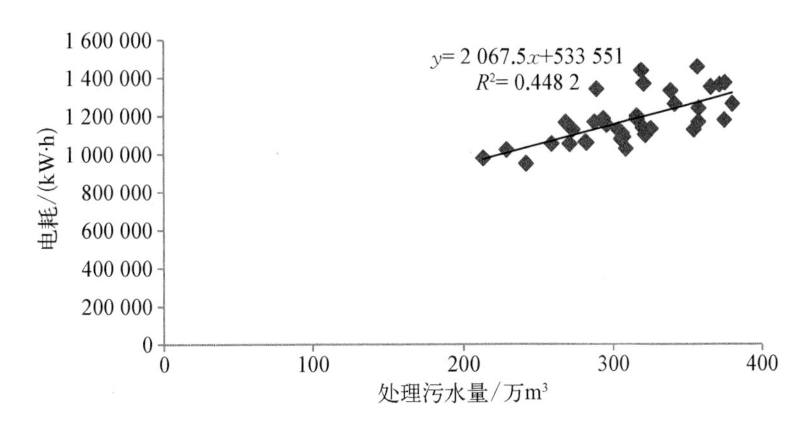

图 2－7 污水处理量和电耗相关性分析

注：$R^2=1$ 显示强相关；$R^2=0$ 显示不相关

再如图 2－8 为根据企业单位产品电能消耗情况而绘制的三个年度的综合能耗与产值 E－P 关系图，从图中可以看到，三年 E－P 关系图的 R^2 较低（0.157 9、0.001 1 和 0.197 8），说明企业的综合能耗与企业的产量关系不大。

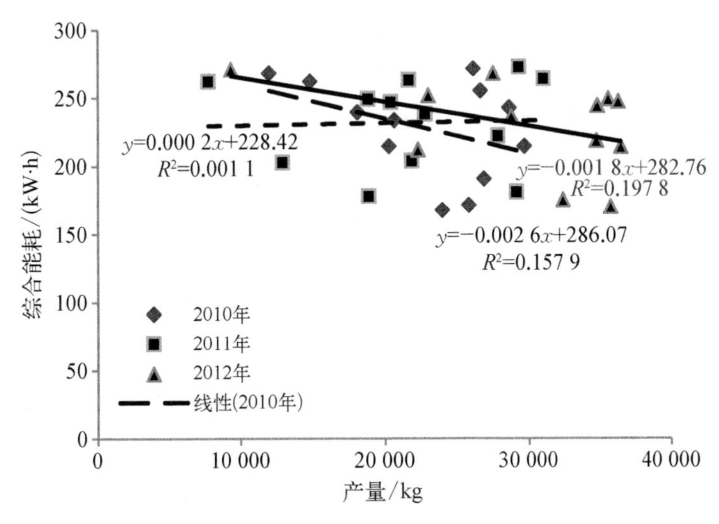

图 2－8 三个年度综合能耗 E－P 关系图

如果企业有条件,在具备足够多数据的基础上,可以对不同规格产品的能耗、水耗及物耗从聚类分析角度建立规律性数据,从而可以寻找提升生产效率的空间与潜力。

问:如何对中/高费方案实施进行统筹规划?

答:传统的中/高费方案需要统一筹划的内容主要有:① 筹措准备项目资金;② 设计及开展建设项目环评;③ 征地、现场开发;④ 配套设施建设;⑤ 建设项目主体厂房;⑥ 生产设备选型、调研、设计、制造或订货;⑦ 设备安装及调试;⑧ 组织操作、维修及管理机构;⑨ 制订设施设备管理规章与作业规程,包括应急预案;⑩ 开展运营人员管理与技术培训;⑪ 采购原辅材料;⑫ 试运行与验收,正式投入运营。

如中/高费方案的实施可能对环境造成重大影响,或涉及产能重大变更的,还应考虑按照当地环境影响评价法规要求实施开展环评及备案,履行"三同时"竣工验收,并完成排污许可证申报或变更。统筹规划时建议采用成熟的甘特图的形式制订实施进度表。

可以看到,传统的中/高费方案关注的是技术、工艺及工程本身的进度控制,相对是一个封闭的体系,而忽略了产品进入市场后的相关信息反馈是否在传统中/高费方案视野之中。

但随着信息化技术的进步与提升,从市场反馈的信息与数据,如何与技术、工艺密切结合起来,以推动技术、工艺的进步与提升,生产出更符合市场需求的产品。这也是今后中/高费方案应该重点考虑的范畴。毕竟,当今的市场环境不是物质匮乏的市场,而是个性化需求的市场。

问:如何评价已实施中/高费方案的效果?

答:对已实施的中/高费方案,要对其实施效果进行技术、环境、经济(财务)和综合评价。用管理界流行语言来讲,是对方案实施效果的复盘。

1) 技术评价。主要评价各项技术指标是否达到设计要求,如果没有达到预期要求,采取何种措施进行改进等。

2) 环境评价。主要对方案实施前后各项环境指标进行追踪并与方案的设计值进行比较,以考察方案的环境效果。通过方案实施前后的数据,可以获得方案的环境效益,又通过方案设计值与方案实施后实际值的对比,即方案理论值与实际值的对比,可以分析两者之间存在的差距,并对方案进行完善。同时结合清洁生产目标中的环境目标进行环境评价。

3) 财务评价。财务评价是评价清洁生产方案实施效果的重要手段。分别对比产值、原材料费用、能源费用、公共设施费用、水费、污染控制费用、维修费、税金以及净利润等经济指标在方案实施前后的变化情况，以及实际值与设计值的差距，从而获得方案实施后所产生的经济效益。

4）综合评价。通过分别对每一个中/高费清洁生产方案进行技术、环境、经济（财务）三方面的评价，可以对已实施的各个方案成功与否做出综合、全面的评价结论。

通过针对中/高费方案的复盘，评估目标和实际值的差距，反思策略与计划执行的偏差，统计预算和投入误差，同时将经过方案验证的经验，转化为对现有管理流程与操作规程的细化规定，固化已取得的成效，形成长效机制。

七、持续清洁生产

持续清洁生产是企业清洁生产审核的第七个阶段，也是本轮审核的最后一个阶段，目的是使清洁生产工作在企业内长期、持续地推行下去。

本阶段工作重点是建立和完善负责推行、管理清洁生产工作的组织机构、加强和完善促进实施清洁生产的管理制度、制定持续清洁生产计划以及编写清洁生产审核报告（图2－9）。

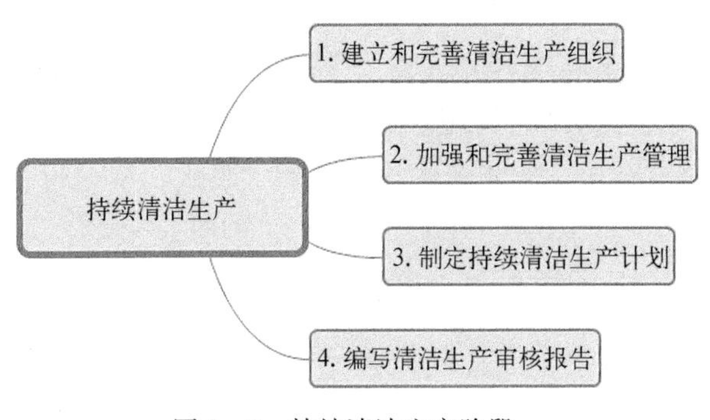

图2－9　持续清洁生产阶段

问：为什么要强调在企业内部建立清洁生产组织机构？

答：首先要建立企业清洁生产管理机构，可以是单独成立主管部门，也可以是依托环保等相关部门成立机构；同时应在企业层面建立清洁生产制度，确立机构地位，才能使机构在企业内部获得管理资源，建立和完善清洁生产激励机制，才可能真正保证清洁生产在企业层面得以持续开展。

问：如何加强与完善清洁生产管理？

答：加强与完善清洁生产管理包括将清洁生产融入企业整体经营管理、建立激励机制和保证稳定的清洁生产资金来源等。其中对前两个重点解释如下：

1. 打造平台将清洁生产融入企业经营管理之中

清洁生产的理念来源于企业生产活动，而针对企业生产管理的理念也层出不穷，如“5S”管理、精益生产、敏捷制造等，层出不穷的理念也产生了多个降耗增效的方案与措施。

清洁生产所需要的数据来自不同信息系统，如 MRP（制造资源计划）、EPR（企业资源计划）、SCR（供应链责任）、CAD（计算机辅助设计）、PLM（产品生命周期管理）等，这些数据构成了清洁生产审核重点，也是实施物料衡算的基础。

同时，企业内部还存在着质量管理体系、环境管理体系、能源管理体系、信息安全管理体系等不同管理对象的系统。

应该将清洁生产打造成一个融入企业经营管理的平台，接纳不同管理角度产生的成果、数据与管理资源，为清洁生产这一平台所用。使清洁生产这一外来理念，成为企业销售、设计、工艺、生产、物流及管理人员的自我语言与行为指南，这才是清洁生产所期望达成的目标。

2. 建立和完善清洁生产激励机制

尽管企业管理领域对于绩效考核 KPI（关键绩效指标）的应用仍有不同观点，衍生出了 OKR（目标与关键成果法）等形式，但我们认为，无论用何种方式，在环境保护及清洁生产领域，管理指标及考核指标的应用不是太多，而是过少。缺少考核指标，会有意无意地使资源与污染物在眼皮底下通过管理的夹缝向环境中不断流失。

企业可以结合经济责任制考核机制，分解与清洁生产有关的能耗、水耗、物耗和污染物排放指标考核办法，逐步建立健全全厂范围的清洁生产指标管理制度，定期对车间与部门的清洁生产成效进行定量考核。同时，这也为企业逐步形成规律性的单位产能污染物排放系数、能源资源消耗系数打下良好基础，有利于后续清洁生产的持续深入开展。

另外，企业可以考虑尽可能结合员工绩效考核等机制，通过工资奖金分配、岗位升降级、表彰批评，从管理角度在一定程度上与清洁生产挂钩，建立清洁生产激励机制，以调动全体职工参与清洁生产的积极性。

无论是员工还是管理层，正确地对待考核非常重要。考核目标主要是推动企业整体清洁生产行为的推动，如果完全没有考核显然无法推动清洁生产的深入；而唯考核指标论，奖惩又会使考核指标之外的改进动力落在管理层视野之外，毕竟考核指标是静态的，而技术、工艺、管理的发展是不断动态变化的。

问：如何持续开展清洁生产？

答： 持续清洁生产需要一个持续改进的机制，清洁生产与环境管理体系的PDCA的结合是持续开展清洁生产的良好结合体。

借助环境管理体系的环境目标及方案机制，清洁生产无/低费及中/高费方案将得到充分的资源保障；通过环境管理体系法律法规机制，持续清洁生产能够持续获得最新的法律法规及标准的动态；依托环境管理体系的过程控制机制，持续清洁生产将接纳新思维、新观点与新想法，形成改进新动力；通过环境管理体系的PDCA机制，持续清洁生产将总结已取得的清洁生产成效，根据国家和地方的清洁生产重点领域与方向，改进固化的管理程序与流程，提出企业新的审核方向和审核重点，使管理能效与审核绩效不断得到提升与深化。

创造性的企业需要在总结提升的基础上不断地学习。《伟大创新的诞生》作者史蒂文·约翰逊总结该书的核心观点称：“机会青睐那些善于联系的头脑。”无论是持续清洁生产，还是企业自身的成长，其基础在于企业与员工的终身学习，而获得超凡创造力的秘诀在于大量练习。

另外，除了以上内容，我们认为在企业内部逐步形成清洁生产文化是持续清洁生产的核心因素。企业案例研究表明（肖恩·姆恩，2015），能够激发员工潜能的重要因素就是成就感，赋予清洁生产以成就感与意义，将实现清洁生产目标的过程作为员工一种挑战自我、可以发挥自我优势的工作，在相互之间传递信任，并奖励其通过分析根本原因解决长期存在的问题，这是释放员工生产力的关键原因。

问：清洁生产审核报告编制及技术审核关注重点有哪些？

答： 在清洁生产审核报告编制过程中，除了按照规定完成编制内容以外，还要关注：

1）清洁生产审核绩效总结要呈现充分的数据，来表明审核实施前后的绩效差异；

2）清洁生产审核报告前后逻辑自洽，避免发生前后数据、表述以及依据不一的情况；

3）清洁生产审核报告的呈现以图示>表格>文字的原则，尽可能将文字表述与数据以图示的方式展示，以便于相关方对报告的理解、审核与评估。

3

法规与政策篇

一、中华人民共和国清洁生产促进法

2012年2月29日第十一届全国人民代表大会常务委员会第二十五次会议通过《全国人民代表大会常务委员会关于修改〈中华人民共和国清洁生产促进法〉的决定》(自2012年7月1日起施行)

目录

第一章　总　　则

第一条　为了促进清洁生产,提高资源利用效率,减少和避免污染物的产生,保护和改善环境,保障人体健康,促进经济与社会可持续发展,制定本法。

第二条　本法所称清洁生产,是指不断采取改进设计、使用清洁的能源和原料、采用先进的工艺技术与设备、改善管理、综合利用等措施,从源头削减污染,提高资源利用效率,减少或者避免生产、服务和产品使用过程中污染物的产生和排放,以减轻或者消除对人类健康和环境的危害。

第三条　在中华人民共和国领域内,从事生产和服务活动的单位以及从事相关管理活动的部门依照本法规定,组织、实施清洁生产。

第四条 国家鼓励和促进清洁生产。国务院和县级以上地方人民政府,应当将清洁生产促进工作纳入国民经济和社会发展规划、年度计划以及环境保护、资源利用、产业发展、区域开发等规划。

第五条 国务院清洁生产综合协调部门负责组织、协调全国的清洁生产促进工作。国务院环境保护、工业、科学技术、财政部门和其他有关部门,按照各自的职责,负责有关的清洁生产促进工作。

县级以上地方人民政府负责领导本行政区域内的清洁生产促进工作。县级以上地方人民政府确定的清洁生产综合协调部门负责组织、协调本行政区域内的清洁生产促进工作。县级以上地方人民政府其他有关部门,按照各自的职责,负责有关的清洁生产促进工作。

第六条 国家鼓励开展有关清洁生产的科学研究、技术开发和国际合作,组织宣传、普及清洁生产知识,推广清洁生产技术。

国家鼓励社会团体和公众参与清洁生产的宣传、教育、推广、实施及监督。

第二章 清洁生产的推行

第七条 国务院应当制定有利于实施清洁生产的财政税收政策。

国务院及其有关部门和省、自治区、直辖市人民政府,应当制定有利于实施清洁生产的产业政策、技术开发和推广政策。

第八条 国务院清洁生产综合协调部门会同国务院环境保护、工业、科学技术部门和其他有关部门,根据国民经济和社会发展规划及国家节约资源、降低能源消耗、减少重点污染物排放的要求,编制国家清洁生产推行规划,报经国务院批准后及时公布。

国家清洁生产推行规划应当包括:推行清洁生产的目标、主要任务和保障措施,按照资源能源消耗、污染物排放水平确定开展清洁生产的重点领域、重点行业和重点工程。

国务院有关行业主管部门根据国家清洁生产推行规划确定本行业清洁生产的重点项目,制定行业专项清洁生产推行规划并组织实施。

县级以上地方人民政府根据国家清洁生产推行规划、有关行业专项清洁生产推行规划,按照本地区节约资源、降低能源消耗、减少重点污染物排放的要求,确定本地区清洁生产的重点项目,制定推行清洁生产的实施规划并组织落实。

第九条 中央预算应当加强对清洁生产促进工作的资金投入,包括中央财政清洁生产专项资金和中央预算安排的其他清洁生产资金,用于支持国家清洁生产推行规划确定的重点领域、重点行业、重点工程实施清洁生产及其技术推广工作,以及生态脆弱地区实施清洁生产的项目。中央预算用于支持清洁生产促进工作的资金使用的具体办法,由国务院财政部门、清洁生产综合协调部门会同国务院有关部门制定。

县级以上地方人民政府应当统筹地方财政安排的清洁生产促进工作的资金,引导社会资金,支持清洁生产重点项目。

第十条 国务院和省、自治区、直辖市人民政府的有关部门,应当组织和支持建立促进清洁生产信息系统和技术咨询服务体系,向社会提供有关清洁生产方法和技术、可再生利用的废物供求以及清洁生产政策等方面的信息和服务。

第十一条 国务院清洁生产综合协调部门会同国务院环境保护、工业、科学技术、建设、农业等有关部门定期发布清洁生产技术、工艺、设备和产品导向目录。

国务院清洁生产综合协调部门、环境保护部门和省、自治区、直辖市人民政府负责清洁生产综合协调的部门、环境保护部门会同同级有关部门,组织编制重点行业或者地区的清洁生产指南,指导实施清洁生产。

第十二条 国家对浪费资源和严重污染环境的落后生产技术、工艺、设备和产品实行限期淘汰制度。国务院有关部门按照职责分工,制定并发布限期淘汰的生产技术、工艺、设备以及产品的名录。

第十三条 国务院有关部门可以根据需要批准设立节能、节水、废物再生利用等环境与资源保护方面的产品标志,并按照国家规定制定相应标准。

第十四条 县级以上人民政府科学技术部门和其他有关部门,应当指导和支持清洁生产技术和有利于环境与资源保护的产品的研究、开发以及清洁生产技术的示范和推广工作。

第十五条 国务院教育部门,应当将清洁生产技术和管理课程纳入有关高等教育、职业教育和技术培训体系。

县级以上人民政府有关部门组织开展清洁生产的宣传和培训,提高国家工作人员、企业经营管理者和公众的清洁生产意识,培养清洁生产管理和技术人员。

新闻出版、广播影视、文化等单位和有关社会团体,应当发挥各自优势做好清洁生产宣传工作。

第十六条 各级人民政府应当优先采购节能、节水、废物再生利用等有利于环境与资源保护的产品。

各级人民政府应当通过宣传、教育等措施，鼓励公众购买和使用节能、节水、废物再生利用等有利于环境与资源保护的产品。

第十七条 省、自治区、直辖市人民政府负责清洁生产综合协调的部门、环境保护部门，根据促进清洁生产工作的需要，在本地区主要媒体上公布未达到能源消耗控制指标、重点污染物排放控制指标的企业的名单，为公众监督企业实施清洁生产提供依据。

列入前款规定名单的企业，应当按照国务院清洁生产综合协调部门、环境保护部门的规定公布能源消耗或者重点污染物产生、排放情况，接受公众监督。

第三章 清洁生产的实施

第十八条 新建、改建和扩建项目应当进行环境影响评价，对原料使用、资源消耗、资源综合利用以及污染物产生与处置等进行分析论证，优先采用资源利用率高以及污染物产生量少的清洁生产技术、工艺和设备。

第十九条 企业在进行技术改造过程中，应当采取以下清洁生产措施：

（一）采用无毒、无害或者低毒、低害的原料，替代毒性大、危害严重的原料；

（二）采用资源利用率高、污染物产生量少的工艺和设备，替代资源利用率低、污染物产生量多的工艺和设备；

（三）对生产过程中产生的废物、废水和余热等进行综合利用或者循环使用；

（四）采用能够达到国家或者地方规定的污染物排放标准和污染物排放总量控制指标的污染防治技术。

第二十条 产品和包装物的设计，应当考虑其在生命周期中对人类健康和环境的影响，优先选择无毒、无害、易于降解或者便于回收利用的方案。

企业对产品的包装应当合理，包装的材质、结构和成本应当与内装产品的质量、规格和成本相适应，减少包装性废物的产生，不得进行过度包装。

第二十一条 生产大型机电设备、机动运输工具以及国务院工业部门指定的其他产品的企业，应当按照国务院标准化部门或者其授权机构制定的技术规范，在产品的主体构件上注明材料成分的标准牌号。

第二十二条 农业生产者应当科学地使用化肥、农药、农用薄膜和饲料添加剂,改进种植和养殖技术,实现农产品的优质、无害和农业生产废物的资源化,防止农业环境污染。

禁止将有毒、有害废物用作肥料或者用于造田。

第二十三条 餐饮、娱乐、宾馆等服务性企业,应当采用节能、节水和其他有利于环境保护的技术和设备,减少使用或者不使用浪费资源、污染环境的消费品。

第二十四条 建筑工程应当采用节能、节水等有利于环境与资源保护的建筑设计方案、建筑和装修材料、建筑构配件及设备。

建筑和装修材料必须符合国家标准。禁止生产、销售和使用有毒、有害物质超过国家标准的建筑和装修材料。

第二十五条 矿产资源的勘查、开采,应当采用有利于合理利用资源、保护环境和防止污染的勘查、开采方法和工艺技术,提高资源利用水平。

第二十六条 企业应当在经济技术可行的条件下对生产和服务过程中产生的废物、余热等自行回收利用或者转让给有条件的其他企业和个人利用。

第二十七条 企业应当对生产和服务过程中的资源消耗以及废物的产生情况进行监测,并根据需要对生产和服务实施清洁生产审核。

有下列情形之一的企业,应当实施强制性清洁生产审核:

(一)污染物排放超过国家或者地方规定的排放标准,或者虽未超过国家或者地方规定的排放标准,但超过重点污染物排放总量控制指标的;

(二)超过单位产品能源消耗限额标准构成高耗能的;

(三)使用有毒、有害原料进行生产或者在生产中排放有毒、有害物质的。

污染物排放超过国家或者地方规定的排放标准的企业,应当按照环境保护相关法律的规定治理。

实施强制性清洁生产审核的企业,应当将审核结果向所在地县级以上地方人民政府负责清洁生产综合协调的部门、环境保护部门报告,并在本地区主要媒体上公布,接受公众监督,但涉及商业秘密的除外。

县级以上地方人民政府有关部门应当对企业实施强制性清洁生产审核的情况进行监督,必要时可以组织对企业实施清洁生产的效果进行评估验收,所需费用纳入同级政府预算。承担评估验收工作的部门或者单位不得向被评估验收企业收取费用。

实施清洁生产审核的具体办法,由国务院清洁生产综合协调部门、环境保护部门会同国务院有关部门制定。

第二十八条 本法第二十七条第二款规定以外的企业，可以自愿与清洁生产综合协调部门和环境保护部门签订进一步节约资源、削减污染物排放量的协议。该清洁生产综合协调部门和环境保护部门应当在本地区主要媒体上公布该企业的名称以及节约资源、防治污染的成果。

第二十九条 企业可以根据自愿原则，按照国家有关环境管理体系等认证的规定，委托经国务院认证认可监督管理部门认可的认证机构进行认证，提高清洁生产水平。

第四章 鼓励措施

第三十条 国家建立清洁生产表彰奖励制度。对在清洁生产工作中做出显著成绩的单位和个人，由人民政府给予表彰和奖励。

第三十一条 对从事清洁生产研究、示范和培训，实施国家清洁生产重点技术改造项目和本法第二十八条规定的自愿节约资源、削减污染物排放量协议中载明的技术改造项目，由县级以上人民政府给予资金支持。

第三十二条 在依照国家规定设立的中小企业发展基金中，应当根据需要安排适当数额用于支持中小企业实施清洁生产。

第三十三条 依法利用废物和从废物中回收原料生产产品的，按照国家规定享受税收优惠。

第三十四条 企业用于清洁生产审核和培训的费用，可以列入企业经营成本。

第五章 法律责任

第三十五条 清洁生产综合协调部门或者其他有关部门未依照本法规定履行职责的，对直接负责的主管人员和其他直接责任人员依法给予处分。

第三十六条 违反本法第十七条第二款规定，未按照规定公布能源消耗或者重点污染物产生、排放情况的，由县级以上地方人民政府负责清洁生产综合协调的部门、环境保护部门按照职责分工责令公布，可以处十万元以下的罚款。

第三十七条 违反本法第二十一条规定，未标注产品材料的成分或者不如实标注的，由县级以上地方人民政府质量技术监督部门责令限期改正；拒不改正的，处以五万元以下的罚款。

第三十八条 违反本法第二十四条第二款规定，生产、销售有毒、有害物质超过国家标准的建筑和装修材料的，依照产品质量法和有关民事、刑事法律的规定，追究行政、民事、刑事法律责任。

第三十九条 违反本法第二十七条第二款、第四款规定，不实施强制性清洁生产审核或者在清洁生产审核中弄虚作假的，或者实施强制性清洁生产审核的企业不报告或者不如实报告审核结果的，由县级以上地方人民政府负责清洁生产综合协调的部门、环境保护部门按照职责分工责令限期改正；拒不改正的，处以五万元以上五十万元以下的罚款。

违反本法第二十七条第五款规定，承担评估验收工作的部门或者单位及其工作人员向被评估验收企业收取费用的，不如实评估验收或者在评估验收中弄虚作假的，或者利用职务上的便利谋取利益的，对直接负责的主管人员和其他直接责任人员依法给予处分；构成犯罪的，依法追究刑事责任。

第六章 附　则

第四十条 本法自2003年1月1日起施行。

二、清洁生产审核办法

（2016年7月1日起施行）

第一章 总　则

第一条 为促进清洁生产，规范清洁生产审核行为，根据《中华人民共和国清洁生产促进法》，制定本办法。

第二条 本办法所称清洁生产审核，是指按照一定程序，对生产和服务过程进行调查和诊断，找出能耗高、物耗高、污染重的原因，提出降低能耗、物耗、废物产生以及减少有毒、有害物料的使用、产生和废弃物资源化利用的方案，进而选定并实施技术经济及环境可行的清洁生产方案的过程。

第三条 本办法适用于中华人民共和国领域内所有从事生产和服务活动的单位以及从事相关管理活动的部门。

第四条 国家发展和改革委员会会同环境保护部负责全国清洁生产审核的组织、协调、指导和监督工作。县级以上地方人民政府确定的清洁生产综合协调部门会同环境保护主管部门、管理节能工作的部门(以下简称“节能主管部门”)和其他有关部门,根据本地区实际情况,组织开展清洁生产审核。

第五条 清洁生产审核应当以企业为主体,遵循企业自愿审核与国家强制审核相结合、企业自主审核与外部协助审核相结合的原则,因地制宜、有序开展、注重实效。

第二章 清洁生产审核范围

第六条 清洁生产审核分为自愿性审核和强制性审核。

第七条 国家鼓励企业自愿开展清洁生产审核。本办法第八条规定以外的企业,可以自愿组织实施清洁生产审核。

第八条 有下列情形之一的企业,应当实施强制性清洁生产审核:

(一) 污染物排放超过国家或者地方规定的排放标准,或者虽未超过国家或者地方规定的排放标准,但超过重点污染物排放总量控制指标的;

(二) 超过单位产品能源消耗限额标准构成高耗能的;

(三) 使用有毒、有害原料进行生产或者在生产中排放有毒、有害物质的。其中有毒、有害原料或物质包括以下几类:

第一类,危险废物。包括列入《国家危险废物名录》的危险废物,以及根据国家规定的危险废物鉴别标准和鉴别方法认定的具有危险特性的废物。

第二类,剧毒化学品、列入《重点环境管理危险化学品目录》的化学品,以及含有上述化学品的物质。

第三类,含有铅、汞、镉、铬等重金属和类金属砷的物质。

第四类,《关于持久性有机污染物的斯德哥尔摩公约》附件所列物质。

第五类,其他具有毒性、可能污染环境的物质。

第三章 清洁生产审核的实施

第九条 本办法第八条第(一)款、第(三)款规定实施强制性清洁生产审核的企业名单,由所在地县级以上环境保护主管部门按照管理权限提出,逐级报省级环境保护主管部门核定后确定,根据属地原则书面通知企业,并抄送同级清洁生产综合协调部门和行业管理部门。本办法第八条第(二)款规定实施强制性清洁生产审核的企业名单,由所在地县级以上节能主管部门按照管理权限提出,逐级报省级节能主管部门核定后确定,根据属地原则书面通知企业,并抄送同级清洁生产综合协调部门和行业管理部门。

第十条 各省级环境保护主管部门、节能主管部门应当按照各自职责,分别汇总提出应当实施强制性清洁生产审核的企业单位名单,由清洁生产综合协调部门会同环境保护主管部门或节能主管部门,在官方网站或采取其他便于公众知晓的方式分期分批发布。

第十一条 实施强制性清洁生产审核的企业,应当在名单公布后一个月内,在当地主要媒体、企业官方网站或采取其他便于公众知晓的方式公布企业相关信息。

(一)本办法第八条第(一)款规定实施强制性清洁生产审核的企业,公布的主要信息包括:企业名称、法人代表、企业所在地址、排放污染物名称、排放方式、排放浓度和总量、超标及超总量情况。

(二)本办法第八条第(二)款规定实施强制性清洁生产审核的企业,公布的主要信息包括:企业名称、法人代表、企业所在地址、主要能源品种及消耗量、单位产值能耗、单位产品能耗、超过单位产品能耗限额标准情况。

(三)本办法第八条第(三)款规定实施强制性清洁生产审核的企业,公布的主要信息包括:企业名称、法人代表、企业所在地址、使用有毒、有害原料的名称、数量、用途,排放有毒、有害物质的名称、浓度和数量,危险废物的产生和处置情况,依法落实环境风险防控措施情况等。

(四)符合本办法第八条两款以上情况的企业,应当参照上述要求同时公布相关信息。企业应对其公布信息的真实性负责。

第十二条 列入实施强制性清洁生产审核名单的企业应当在名单公布后两个月内开展清洁生产审核。

本办法第八条第(三)款规定实施强制性清洁生产审核的企业,两次清洁生产审核的间隔时间不得超过五年。

第十三条 自愿实施清洁生产审核的企业可参照强制性清洁生产审核的程序开展审核。

第十四条 清洁生产审核程序原则上包括审核准备、预审核、审核、方案的产生和筛选、方案的确定、方案的实施、持续清洁生产等。

第四章 清洁生产审核的组织和管理

第十五条 清洁生产审核以企业自行组织开展为主。实施强制性清洁生产审核的企业,如果自行独立组织开展清洁生产审核,应具备本办法第十六条第(二)款、第(三)款的条件。不具备独立开展清洁生产审核能力的企业,可以聘请外部专家或委托具备相应能力的咨询服务机构协助开展清洁生产审核。

第十六条 协助企业组织开展清洁生产审核工作的咨询服务机构,应当具备下列条件:

(一)具有独立法人资格,具备为企业清洁生产审核提供公平、公正和高效率服务的质量保证体系和管理制度。

(二)具备开展清洁生产审核物料平衡测试、能量和水平衡测试的基本检测分析器具、设备或手段。

(三)拥有熟悉相关行业生产工艺、技术规程和节能、节水、污染防治管理要求的技术人员。

(四)拥有掌握清洁生产审核方法并具有清洁生产审核咨询经验的技术人员。

第十七条 列入本办法第八条第(一)款和第(三)款规定实施强制性清洁生产审核的企业,应当在名单公布之日起一年内,完成本轮清洁生产审核并将清洁生产审核报告报当地县级以上环境保护主管部门和清洁生产综合协调部门。

列入第八条第(二)款规定实施强制性清洁生产审核的企业,应当在名单公布之日起一年内,完成本轮清洁生产审核并将清洁生产审核报告报当地县级以上节能主管部门和清洁生产综合协调部门。

第十八条 县级以上清洁生产综合协调部门应当会同环境保护主管部门、节能主管部门,对企业实施强制性清洁生产审核的情况进行监督,督促企业按进度开展清洁生产审核。

第十九条 有关部门以及咨询服务机构应当为实施清洁生产审核的企业保守技术和商业秘密。

第二十条 县级以上环境保护主管部门或节能主管部门,应当在各自的职责范围内组织清洁生产专家或委托相关单位,对以下企业实施清洁生产审核的效果进行评估验收:

(一)国家考核的规划、行动计划中明确指出需要开展强制性清洁生产审核工作的企业。

(二)申请各级清洁生产、节能减排等财政资金的企业。

上述涉及本办法第八条第(一)款、第(三)款规定实施强制性清洁生产审核企业的评估验收工作由县级以上环境保护主管部门牵头,涉及本办法第八条第(二)款规定实施强制性清洁生产审核企业的评估验收工作由县级以上节能主管部门牵头。

第二十一条 对企业实施清洁生产审核评估的重点是对企业清洁生产审核过程的真实性、清洁生产审核报告的规范性、清洁生产方案的合理性和有效性进行评估。

第二十二条 对企业实施清洁生产审核的效果进行验收,应当包括以下主要内容:

(一) 企业实施完成清洁生产方案后,污染减排、能源资源利用效率、工艺装备控制、产品和服务等改进效果,环境、经济效益是否达到预期目标。

(二) 按照清洁生产评价指标体系,对企业清洁生产水平进行评定。

第二十三条 对本办法第二十条中企业实施清洁生产审核效果的评估验收,所需费用由组织评估验收的部门报请地方政府纳入预算。承担评估验收工作的部门或者单位不得向被评估验收企业收取费用。

第二十四条 自愿实施清洁生产审核的企业如需评估验收,可参照强制性清洁生产审核的相关条款执行。

第二十五条 清洁生产审核评估验收的结果可作为落后产能界定等工作的参考依据。

第二十六条 县级以上清洁生产综合协调部门会同环境保护主管部门、节能主管部门,应当每年定期向上一级清洁生产综合协调部门和环境保护主管部门、节能主管部门报送辖区内企业开展清洁生产审核情况、评估验收工作情况。

第二十七条 国家发展和改革委员会、环境保护部会同相关部门建立国家级清洁生产专家库,发布行业清洁生产评价指标体系、重点行业清洁生产审核指南,组织开展清洁生产培训,为企业开展清洁生产审核提供信息和技术支持。各级清洁生产综合协调部门会同环境保护主管部门、节能主管部门可以根据本地实际情况,组织开展清洁生产培训,建立地方清洁生产专家库。

第五章 奖励和处罚

第二十八条 对自愿实施清洁生产审核,以及清洁生产方案实施后成效显著的企业,由省级清洁生产综合协调部门和环境保护主管部门、节能主管部门对其进行表彰,并在当地主要媒体上公布。

第二十九条 各级清洁生产综合协调部门及其他有关部门在制定实施国家重点投资计划和地方投资计划时,应当将企业清洁生产实施方案中的提高能源资源利用效率、预防污染、综合利用等清洁生产项目列为重点领域,加大投资支持力度。

第三十条 排污费资金可以用于支持企业实施清洁生产。对符合《排污费征收使用管理条例》规定的清洁生产项目,各级财政部门、环境保护部门在排污费使用上优先给予安排。

第三十一条 企业开展清洁生产审核和培训的费用,允许列入企业经营成本或者相关费用科目。

第三十二条 企业可以根据实际情况建立企业内部清洁生产表彰奖励制度,对清洁生产审核工作中成效显著的人员给予奖励。

第三十三条 对本办法第八条规定实施强制性清洁生产审核的企业,违反本办法第十一条规定的,按照《中华人民共和国清洁生产促进法》第三十六条规定处罚。

第三十四条 违反本办法第八条、第十七条规定,不实施强制性清洁生产审核或在审核中弄虚作假的,或者实施强制性清洁生产审核的企业不报告或者不如实报告审核结果的,按照《中华人民共和国清洁生产促进法》第三十九条规定处罚。

第三十五条 企业委托的咨询服务机构不按照规定内容、程序进行清洁生产审核,弄虚作假、提供虚假审核报告的,由省、自治区、直辖市、计划单列市及新疆生产建设兵团清洁生产综合协调部门会同环境保护主管部门或节能主管部门责令其改正,并公布其名单。造成严重后果的,追究其法律责任。

第三十六条 对违反本办法相关规定受到处罚的企业或咨询服务机构,由省级清洁生产综合协调部门和环境保护主管部门、节能主管部门建立信用记录,归集至全国信用信息共享平台,会同其他有关部门和单位实行联合惩戒。

第三十七条 有关部门的工作人员玩忽职守,泄露企业技术和商业秘密,造成企业经济损失的,按照国家相应法律法规予以处罚。

第六章 附 则

第三十八条 本办法由国家发展和改革委员会和环境保护部负责解释。

第三十九条 各省、自治区、直辖市、计划单列市及新疆生产建设兵团可以依照本办法制定实施细则。

第四十条 本办法自 2016 年 7 月 1 日起施行。原《清洁生产审核暂行办法》(国家发展和改革委员会、国家环境保护总局令第 16 号)同时废止。

三、清洁生产审核评估与验收指南

(2018 年 4 月 17 日印发)

第一章 总 则

第一条 为科学规范推进清洁生产审核工作,保障清洁生产审核质量,指导清洁生产审核评估与验收工作,根据《中华人民共和国清洁生产促进法》和《清洁生产审核办法》(国家发展和改革委员会、环境保护部令第 38 号),制定本指南。

第二条 本指南所称清洁生产审核评估是指企业基本完成清洁生产无/低费方案,在清洁生产中/高费方案可行性分析后和中/高费方案实施前的时间节点,对企业清洁生产审核报告的规范性、清洁生产审核过程的真实性、清洁生产中/高费方案及实施计划的合理性和可行性进行技术审查的过程。

本指南所称清洁生产审核验收是指按照一定程序,在企业实施完成清洁生产中/高费方案后,对已实施清洁生产方案的绩效、清洁生产目标的实现情况及企业清洁生产水平进行综合性评定,并做出结论性意见的过程。

第三条 本指南适用于《清洁生产审核办法》第二十条规定的"国家考核的规划、行动计划中明确指出需要开展强制性清洁生产审核工作的企业"和"申请各级清洁生产、节能减排等财政资金的企业"以及从事清洁生产管理活动的部门,其他需要开展清洁生产审核评估与验收的企业可参照本指南执行。

第四条 清洁生产审核评估与验收应坚持科学、公正、规范、客观的原则。

第五条 地方各级环境保护主管部门或节能主管部门组织清洁生产专家或委托相关单位,负责职责范围内的清洁生产审核评估与验收工作。

第二章 清洁生产审核评估

第六条 地市级(县级)环境保护主管部门或节能主管部门按照职责范围提出年度需开展清洁生产审核评估的企业名单及工作进度安排,逐级上报省级环境保护主管部门或节能主管部门确认后书面通知企业。

第七条 需开展清洁生产审核评估的企业应向本地具有管辖权限的环境保护主管部门或节能主管部门提交以下材料：

（一）《清洁生产审核报告》及相应的技术佐证材料；

（二）委托咨询服务机构开展清洁生产审核的企业，应提交《清洁生产审核办法》第十六条中咨询服务机构需具备条件的证明材料；自行开展清洁生产审核的企业应按照《清洁生产审核办法》第十五条、第十六条的要求提供相应技术能力证明材料。

第八条 清洁生产审核评估应包括但不限于以下内容：

（一）清洁生产审核过程是否真实，方法是否合理；清洁生产审核报告是否能如实客观反映企业开展清洁生产审核的基本情况等。

（二）对企业污染物产生水平、排放浓度和总量，能耗、物耗水平，有毒、有害物质的使用和排放情况是否进行客观、科学的评价；清洁生产审核重点的选择是否反映了能源、资源消耗、废物产生和污染物排放方面存在的主要问题；清洁生产目标设置是否合理、科学、规范；企业清洁生产管理水平是否得到改善。

（三）提出的清洁生产中/高费方案是否科学、有效，可行性是否论证全面，选定的清洁生产方案是否能支撑清洁生产目标的实现。对“双超”和“高耗能”企业通过实施清洁生产方案的效果进行论证，说明能否使企业在规定的期限内实现污染物减排目标和节能目标；对“双有”企业实施清洁生产方案的效果进行论证，说明其能否替代或削减其有毒、有害原辅材料的使用和有毒、有害污染物的排放。

第九条 本地具有管辖权限的环境保护主管部门或节能主管部门组织专家或委托相关单位成立评估专家组，各专家可采取电话函件征询、现场考察、质询等方式审阅企业提交的有关材料，最后专家组召开集体会议，参照《清洁生产审核评估评分表》（见附表1）打分界定评估结果并出具技术审查意见。

第十条 清洁生产审核评估结果实施分级管理，总分低于70分的企业视为审核技术质量不符合要求，应重新开展清洁生产审核工作；总分为70~90分的企业，需按专家意见补充审核工作，完善审核报告，上报主管部门审查后，方可继续实施中/高费方案；总分高于90分的企业，可依据方案实施计划推进中/高费方案的实施。

技术审查意见参照《清洁生产审核评估技术审查意见样表》（见附表3）内容

进行评述，提出清洁生产审核中尚存的问题，对清洁生产中/高费方案的可行性给出意见。

第十一条 本地具有管辖权限的环境保护主管部门或节能主管部门负责将评估结果及技术审查意见反馈给企业，企业需在清洁生产审核过程中予以落实。

第三章 清洁生产审核验收

第十二条 地方各级环境保护主管部门或节能主管部门应督促企业实施完成清洁生产中/高费方案并及时开展清洁生产审核验收工作。

第十三条 需开展清洁生产审核验收的企业应将验收材料提交至负责验收的环境保护主管部门或节能主管部门，主要包括：

（一）《清洁生产审核评估技术审查意见》；

（二）《清洁生产审核验收报告》；

（三）清洁生产方案实施前、后企业自行监测或委托有相关资质的监测机构提供的污染物排放、能源消耗等监测报告。

第十四条 《清洁生产审核验收报告》应由企业或委托咨询服务机构完成，其内容应当包括但不限于以下方面：

（1）企业基本情况；

（2）《清洁生产审核评估技术审查意见》的落实情况；

（3）清洁生产中/高费方案完成情况及环境、经济效益汇总；

（4）清洁生产目标实现情况及所达到的清洁生产水平；

（5）持续开展清洁生产工作机制建设及运行情况。

第十五条 负责清洁生产审核验收的环境保护主管部门或节能主管部门组织专家或委托相关单位成立验收专家组，开展现场验收。现场验收程序包括听取汇报、材料审查、现场核实、质询交流、形成验收意见等。

第十六条 清洁生产审核验收内容包括但不限于以下内容：

（一）核实清洁生产绩效：企业实施清洁生产方案后，对是否实现清洁生产审核时设定的预期污染物减排目标和节能目标，是否落实有毒、有害物质减量、减排指标进行评估；查证清洁生产中/高费方案的实际运行效果及对企业实施清洁生产方案前后的环境、经济效益进行评估；

（二）确定清洁生产水平：已经发布清洁生产评价指标体系的行业，利用评价指标体系评定企业在行业内的清洁生产水平；未发布清洁生产评价指标体系的行业,可以参照行业统计数据评定企业在行业内的清洁生产水平定位或根据企业近三年历史数据进行纵向对比说明企业清洁生产水平改进情况。

第十七条 清洁生产审核验收结果分为“合格”和“不合格”两种。依据《清洁生产审核验收评分表》(见附表2)综合得分达到60分及以上的企业,其验收结果为“合格”。存在但不限于下列情况之一的,清洁生产审核验收不合格:

(一)企业在方案实施过程中存在弄虚作假行为;

(二)企业污染物排放未达标或污染物排放总量、单位产品能耗超过规定限额的;

(三)企业不符合国家或地方制定的生产工艺、设备以及产品的产业政策要求;

(四)达不到相关行业清洁生产评价指标体系三级水平(国内清洁生产一般水平)或同行业基本水平的;

(五)企业在清洁生产审核开始至验收期间,发生节能环保违法违规行为或未完成限期整改任务;

(六)其他地方规定的相关否定内容。

第十八条 地市级(县级)环境保护主管部门或节能主管部门应及时将验收“合格”与“不合格”企业名单报送省级主管部门,由省级主管部门以文件形式或在其官方网站向社会公布,对于验收“不合格”的企业,要求其重新开展清洁生产审核。

第四章 监督和管理

第十九条 生态环境部、国家发展改革委负责对全国的清洁生产审核评估与验收工作进行监督管理,并委托相关技术支持单位定期对全国清洁生产审核评估与验收工作情况及评估验收机构进行抽查。

第二十条 省级环境保护主管部门、节能主管部门每年按要求将本行政区域开展清洁生产审核评估与验收工作情况报送生态环境部、国家发展改革委。

第二十一条 清洁生产审核评估与验收工作经费及培训经费由组织评估与验收的部门提出年度经费安排,报请地方财政部门纳入预算予以保障,承担评估与验收工作的部门或者专家不得向被评估与验收企业及咨询服务机构收取费用。

第二十二条 评估与验收的专家组成员应从国家或地方清洁生产专家库中

选取，由熟悉行业、清洁生产及节能环保的专家组成，且具有高级职称或十年以上从业经验的中级职称，专家组成员不得少于3人。参加评估或验收的专家如与企业或清洁生产审核咨询服务机构存在利益关系的，应当主动回避。

第二十三条 评估与验收组织部门应定期对专家进行培训，统一清洁生产审核评估与验收尺度，承担评估与验收工作的部门及专家应对评估或验收结论负责。

第五章 附 则

第二十四条 本指南引用的有关文件，如有修订，按最新文件执行。

第二十五条 各省、自治区、直辖市、计划单列市及新疆生产建设兵团有关主管部门可以依照本指南制定适合本区域的实施细则。

第二十六条 本指南由生态环境部、国家发展改革委负责解释，自印发之日起施行。

附表1

清洁生产审核评估评分表

企业名称：________________　　　　年　　月　　日

序号	指标内容	要 求	分值	得分
一、清洁生产审核报告规范性评估				
1	报告内容框架符合性	清洁生产审核报告符合《清洁生产审核指南制订技术导则》中附录E的规定	3	
2	报告编写逻辑性	体现了清洁生产审核发现问题、分析问题、解决问题的思路和逻辑性	7	
二、清洁生产审核过程真实性评估				
1	审核准备	企业高层领导支持并参与	2	
		建立了清洁生产审核小组，制定了审核计划	1	
		广泛宣传教育，实现全员参与	1	
2	现状调查情况	企业概况、生产状况、工艺设备、资源能源、环境保护状况、管理状况等情况内容齐全，数据翔实	4	
		工艺流程图能够体现主要原辅物料、水、能源及废物的流入、流出和去向，并进行了全面合理的介绍和分析	3	
		对主要原辅材料、水和能源的总耗和单耗进行了分析，并根据清洁生产评价指标体系或同行业水平进行客观评价	4	

续表

序号	指标内容	要　　求	分值	得分
3	企业问题分析情况	能够从原辅材料(含能源)、技术工艺、设备、过程控制、管理、员工、产品、废物等八个方面全面合理地分析和评价企业的产排污现状、水平和存在的问题	3	
		客观说明纳入强制性审核的原因,污染物超标或超总量情况,有毒、有害物质的使用和排放情况	2	
		能够分析并发现企业现存的主要问题和清洁生产潜力	3	
4	审核重点设置情况	能够将污染物超标、能耗超标或有毒、有害物质使用或排放环节作为必要考虑因素	4	
		能够着重考虑消耗大、公众压力大和有明显清洁生产潜力的环节	2	
5	清洁生产目标设置情况	能够针对审核重点,具有定量化、可操作性,时限明确	4	
		如是"双超"企业,其清洁生产目标设置能使企业在规定的期限内达到国家或地方污染物排放标准、核定的主要污染物总量控制指标、污染物减排指标;如是"高耗能"企业,其清洁生产目标设置能使企业在规定的期限内达到单位产品能源消耗限额标准;如是"双有"企业,其清洁生产目标设置能体现企业有毒、有害物质减量或减排要求	4	
		对于生产工艺与装备、资源能源利用指标、产品指标、污染物产生指标、废物回收利用指标及环境管理要求指标设置至少达到行业清洁生产评价指标三级基准值的目标	3	
6	审核重点资料的准备情况	能涵盖审核重点的工艺资料、原材料和产品及生产管理资料、废弃物资料、同行业资料和现场调查数据等	3	
		审核重点的详细工艺流程图或工艺设备流程图符合实际流程	3	
7	审核重点输入输出物流实测情况	准备工作完善,监测项目、监测点、监测时间和周期等明确,监测方法符合相关要求,监测数据翔实可信	4	
8	审核重点物料平衡分析情况	准确建立了重点物料、能源、水和污染因子等平衡图,针对平衡结果进行了系统的追踪分析,阐述清晰	6	
9	审核重点废弃物产生原因分析情况	结合企业的实际情况,能从影响生产过程的八个方面深入分析,找出审核重点物料流失或资源、能源浪费、污染物产生的环节,分析物料流失和资源浪费原因,提出解决方案	6	
三、清洁生产方案可行性的评估				
1	无/低费方案的实施	无/低费方案能够遵循边审核边产生边实施原则基本完成,并能够现场举证,如落实措施、制度、照片、资金使用账目等可查证资料	3	
		对实施的无/低费方案进行了全面、有效的经济和环境效益的统计	3	

续表

序号	指标内容	要　　求	分值	得分
2	中/高费方案的产生	中/高费方案针对性强，与清洁生产目标一致，能解决企业清洁生产审核的关键问题	6	
3	中/高费方案的可行性分析	中/高费方案具备翔实的环境、技术、经济分析	6	
		所有量化数据有统计依据和计算过程，数据真实可靠	6	
4	中/高费方案的实施计划	有详细合理的统筹规划，实施进度明确，落实到部门	2	
		具有切实的资金筹措计划，并能确保资金到位	2	
总分			**100**	

专家签名：　　　　　　　　　　　　　　时间：　　年　　月　　日

附表 2

清洁生产审核验收评分表

企业名称：________________________　　　　年　　月　　日

清洁生产审核验收关键指标			
序号	内　　容	是	否
1	企业在方案实施过程中无弄虚作假行为		
2	企业稳定达到国家或地方要求的污染物排放标准，实现核定的主要污染物总量控制指标或污染物减排指标要求		
3	企业单位产品能源消耗符合限额标准要求		
4	已达到相关行业清洁生产评价指标体系三级水平（国内清洁生产一般水平）或同行业基本水平		
5	符合国家或地方制定的生产工艺、设备以及产品的产业政策要求		
6	清洁生产审核开始至验收期间，未发生节能环保违法违规行为或已完成违法违规的限期整改任务		
7	无其他地方规定的相关否定内容		
清洁生产审核与实施方案评价		分值	得分
清洁生产验收报告	提交的验收资料齐全、真实	3	
	报告编制规范，内容全面，附件齐全	3	
	如实反映审核评估后企业推进清洁生产和中/高费方案实施情况	4	
方案实施及相关证明材料	本轮清洁生产方案基本实施	5	
	清洁生产无/低费方案已纳入企业正常的生产过程和管理过程	4	
	中/高费方案实施绩效达到预期目标	4	
	中/高费方案未达到预期目标时，进行了原因分析，并采取了相应对策	4	

续表

清洁生产审核与实施方案评价		分值	得分
方案实施及相关证明材料	未实施的中/高费方案理由充足,或有相应的替代方案	5	
	方案实施前后企业物料消耗、能源消耗变化等资料符合企业生产实际	4	
	方案实施后特征污染物环境监测数据或能耗监测数据达标	4	
	设备购销合同、财务台账或设备领用单等信息与企业实施方案一致	4	
	生产记录、财务数据、环境监测结果支持方案实施的绩效结果	5	
	经济和环境绩效进行了翔实统计和测算,绩效的统计有可靠充足的依据	8	
企业清洁生产水平评估	方案实施后能耗、物耗、污染因子等指标认定和等级定位(与国内外同行业先进指标对比),以及企业清洁生产水平评估正确	6	
清洁生产绩效	按照行业清洁生产评价指标要求对生产工艺与装备、资源能源利用、产品、污染物产生、废物回收利用、环境管理等指标进行清洁生产审核前后的测算、对比,评估绩效	10	
现场考察	企业生产现场不存在明显的跑冒滴漏现象	3	
	中/高费方案实施现场与提供资料内容相符合	6	
	中/高费方案运行正常	6	
	无/低费方案持续运行	6	
持续清洁生产情况	企业审核临时工作机构转化为企业长期持续推进清洁生产的常设机构,并有企业相关文件给予证明	2	
	健全了企业清洁生产管理制度,相关方案落实到管理规程、操作规程、作业文件、工艺卡片中,融入企业现有管理体系	2	
	制定了持续清洁生产计划,有针对性,并切实可行	2	
总分		**100**	
验收结论:合格(　　)　　不合格(　　)			

注:关键指标7条否决指标中任何1条为"否"时,则验收不合格。

专家签名:　　　　　　　　　　　　　　　时间:　　年　　月　　日

附表3

清洁生产审核评估技术审查意见样表

企业名称			
企业联系人		联系电话	
评估时间			

续表

组织单位	
清洁生产咨询服务机构	

评估技术审查意见

一、总体评价
1. 企业概况(企业领导重视程度、培训教育工作机制、企业合规性及清洁生产潜力分析是否到位)
2. 对审核重点、目标确定结果及审核重点物料平衡分析的技术评估结果
3. 对无/低费方案质量、数量、实施情况及绩效的核查结果
4. 从方案的科学合理和针对性角度对拟实施中/高费方案进行评估(“双超”企业达标性方案、“高耗能”企业节能方案和“双有”企业的减量或替代方案)
5. 对本次审核过程的规范性、针对性、有效性给出技术评估结果
二、对企业规范审核过程,不断深化审核,完善清洁生产审核报告以及进行整改的技术意见

专家组组长(签名):
年　　月　　日

附表 4

清洁生产审核验收意见样表

企业名称			
企业联系人		联系电话	
验收时间			
组织单位			

验收意见

一、清洁生产审核验收总体评价
1. 对企业提交审核验收资料规范性评价
2. 对审核评估后进行的清洁生产完善工作的核查结果
3. 现场核查情况
4. 无/低费方案是否纳入正常生产管理
5. 中/高费方案实施情况及绩效(已实施的方案数,企业投入以及产生环境效益、经济效益以及其他方面的成效等)
6. 对照清洁生产评价指标体系评价企业达到清洁生产的等级和水平
7. 对企业本次审核的验收结论
二、强化企业清洁生产监督,持续清洁生产的管理意见

专家组组长(签名):
年　　月　　日

四、上海市重点企业清洁生产审核评估、验收流程及技术规范(试行)

(2017年11月3日印发)

总　则

1. 为进一步推进本市重点企业清洁生产工作,根据《中华人民共和国清洁生产促进法》(2012年)、《清洁生产审核办法》(国家发展和改革委员会、国家环境保护部令第38号)、《关于印发〈工业清洁生产审核规范〉和〈工业清洁生产实施效果评估规范〉的通知》(工信部节[2015]154号)等文件要求,规范本市重点企业清洁生产审核,特制定本流程及技术规范。

2. 本流程及技术要求适用于上海市经济和信息化委(以下简称"市经信委")、市环境保护局(以下简称"市环保局")联合发布的"年度重点企业清洁生产审核名单"的企业。其他需要开展清洁生产审核评估、验收的企业可参照本流程及技术规范执行。

本流程及技术规范所称的清洁生产审核评估(以下简称"评估")是指在企业完成清洁生产无/低费方案,确定清洁生产中/高费方案后,对企业清洁生产审核报告的规范性、审核过程的真实性、清洁生产方案及实施计划的合理性和可行性进行技术审查的过程。

本流程及技术规范所称的清洁生产审核验收(以下简称"验收")是指按照一定程序,在企业实施完成清洁生产方案后,对企业实施清洁生产方案的绩效、清洁生产目标实现情况及企业清洁生产水平进行综合性评定,并做出结论性意见的过程。

3. 区经委(科经委、商务委)、区环保局组织专家或委托有关机构(以下称"评估验收机构")对列入年度重点企业清洁生产审核名单的企业开展评估、验收工作。

4. 本流程及技术规范依据:

《中华人民共和国清洁生产促进法》(2012年)

《清洁生产审核办法》(国家发展和改革委员会、国家环境保护部令第38号)

《关于印发〈工业清洁生产审核规范〉和〈工业清洁生产实施效果评估规范〉的通知》(工信部节[2015]154号)

《上海市鼓励企业实施清洁生产专项扶持办法》(沪经信法〔2017〕219号)
《清洁生产评价指标体系》(各相关行业)
《上海市清洁生产审核评估、验收通则》(DB31/T662－2012)
《上海产业能效指南(2016版)》

清洁生产审核评估流程及评估要求

5. 申请评估企业应具备的条件

5.1 编制完成《清洁生产审核报告》,报告规范、完整;

5.2 企业内部已组建清洁生产工作小组,且开展了清洁生产宣贯和培训;已选派人员参加清洁生产内审员培训,有2人或以上通过内审员培训考核取得合格证书(开展新一轮清洁生产审核的企业应重新选派人员参加清洁生产内审员培训);

5.3 符合国家和本市产业结构调整和行业准入政策要求;无国家明令淘汰的落后产品和工艺设备,或者虽有国家明令限期淘汰的生产工艺或设备,但已列明并提出调整改造计划;

5.4 属于强制性清洁生产审核的企业,在名单公布后一个月内已在当地主要媒体、企业官方网站或采取其他便于公众知晓的方式公布企业名称、法人代表、企业所在地址、主要污染物排放情况、能源使用情况和有毒、有害物质使用或排放情况。

6. 评估工作流程

6.1 企业和审核咨询机构应于每月按规定日期向评估验收机构提出下个月评估申请,同时向工作平台上传审核报告及相关资料,由评估验收机构安排月度评估计划;

6.2 评估验收机构组织召开由清洁生产方法学、能源、环保、行业等方面专家参加的现场评估会,专家应从本市清洁生产专家库中选取;

6.3 专家组审阅企业清洁生产审核报告,听取企业和审核咨询机构的汇报,进行资料核查、现场勘查及专家质询;

6.4 评估验收机构根据专家组的意见和综合打分,形成评估意见。

7. 评估现场资料准备

7.1 《清洁生产审核评估申请表》(盖章);

7.2 审核启动前3年产量、产值统计报表,原辅材料、能资源统计报表(无统计报表的提供入库单、发票等资料)；审核重点实测数据的相关记录；

7.3 全员宣传培训资料、行业专家及相关专家参与审核过程的证明资料；

7.4 历次建设项目环境影响评价报告及批复文件；排污许可证等；

7.5 清洁生产审核前3年企业与市、区环保局联网的污染物在线监测系统的监测数据或者委托具有资质的第三方检测机构出具的检测报告；

7.6 环境管理文件；危险废物转移计划备案表、转移联单和处置合同；环境统计年报或排污申报登记等；

7.7 企业已实施清洁生产无/低费方案的执行情况和现场证明材料，如实施位置、具体措施、制度文件、发票等；

7.8 企业及审核咨询机构的《清洁生产审核报告》。

8. 现场评估标准及要点

8.1 现场评估会议应有企业高层领导和清洁生产审核小组成员参加；

8.2 编制完成《清洁生产审核报告》，报告格式规范，审核过程真实，方案合理有效；

8.3 审核报告真实、全面反映了企业开展清洁生产审核的基本情况等，对企业污染物产生情况、排放浓度和总量，能耗、物耗水平，有毒、有害物质的使用和排放情况进行客观、科学的评价；审核范围包含企业本市全部的生产场所；

8.4 备选审核重点分析合理，审核重点设置正确，目标设定合理可行，有针对审核重点的详细分析；

8.5 提出的清洁生产方案科学、有效、全面(含节能和环保方案)，已实施完成提出的清洁生产无/低费方案(不少于10项)；中/高费方案(至少1项)已经过技术、经济、环境评估，并制定了实施计划，或者已经开始实施；

“双超”和“高耗能”企业通过清洁生产方案实施后的论证，能够证明企业在规定的期限内实现污染物减排目标和节能目标；“双有”企业通过清洁生产方案实施后的论证，能够替代或削减有毒、有害材料的使用和有毒、有害污染物的排放；

8.6 现场考察：生产车间、辅助设施、环保治理设施及危险废物储存等场所的运行管理情况；能资源管理及计量器具配备情况；无/低费方案的实施情况和效果，已实施或正在实施中/高费方案的现场情况。查阅相关资料，对比审核报告，判定其真实性和相符性。

9. 评估意见

评估意见按评估要点评述，提出清洁生产审核中尚存的问题，对清洁生产中/高费方案的可行性及下一步工作给出意见和建议。有下列情况之一的，评估意见应要求企业限期整改：

9.1 审核重点设置错误或清洁生产目标设置不合理；

9.2 审核范围界定有误或未对审核范围做全面的清洁生产潜力分析；

9.3 提出的无/低费方案中管理类方案大于50%；

9.4 选取的清洁生产方案不能支撑清洁生产目标的实现；

9.5 清洁生产审核报告中的数据统计或分析脱离企业实际，存在重大错误；

9.6 企业未能按照国家规定，制定淘汰明令禁止的生产工艺、设备、产品的调整改造计划。

需要限期整改的企业，应在规定时限内按照评估意见完成整改并重新提出一次评估申请。

10. 评估材料归档要求

企业完成评估后，根据评估会上出具的评估意见、专家意见等完善审核报告内容，填写《审核意见修改回复单》，并在评估之日起1个月内将回复单及盖好企业公章、机构公章的审核报告提交至评估验收机构。如有特殊情况不能在1个月内完成的，应向评估验收机构提交情况说明，逾期未交则视为评估节点未完成并不得申请验收。逾期2个月未交暂停受理相关责任人的评估、验收申请。

清洁生产审核验收流程及验收要求

11. 申请验收企业应具备的条件

11.1 完成清洁生产审核评估的企业，实施完成全部清洁生产方案并取得一定的绩效后，向评估验收机构提出验收申请；验收原则上需在实施清洁生产审核二年内完成；

11.2 企业能稳定达到节能降耗指标，国家或本市的污染物排放标准、污染物总量控制指标、有毒、有害物质减量指标，实现了清洁生产审核的预期目标；在清洁生产审核开始至提交验收申请期间未发生过环保或节能方面的违法行为，如存在相关违法行为，需完成整改并由相关部门验收通过；

11.3 企业应严格遵守建设项目环境影响评价、总量控制、排污许可证等制度。

12. 验收流程

12.1 企业和审核咨询机构应于每月按规定日期向评估/验收机构上报验收申请,同时向评估验收机构平台上传“验收申请表、清洁生产审核验收报告、污染物监测数据、企业自我声明、环评竣工验收材料、项目绩效表”等材料,由评估验收机构安排月度验收计划;

12.2 评估验收机构组织召开由清洁生产方法学、能源、环保、行业和财务等方面专家参加的现场验收会,专家应从本市清洁生产专家库中选取;

12.3 专家组听取企业和审核咨询机构的验收工作汇报;重点对企业生产运行及清洁生产方案的实施和运行状况进行现场考察;对清洁生产方案实施档案、财务资料核查;对清洁生产方案绩效核查验证;对清洁生产审核报告复核;评定企业的产品改进情况,资源能源利用改进情况,工艺、装备与过程控制改进情况,污染物控制改进情况等;

12.4 评估验收机构根据验收专家组意见和综合打分,形成清洁生产项目验收意见。

13. 验收现场资料准备

13.1 《清洁生产审核验收申请表》(盖章);

13.2 企业无弄虚作假、无环保超标的自我声明(盖章);

13.3 清洁生产审核验收绩效表(盖章);

13.4 产量、产值统计报表,原辅材料、能资源等统计报表(无统计报表的提供入库单、发票等资料)、方案实施合同及发票;

13.5 清洁生产审核前3年和验收前三个月内企业与市、区环保局联网或者委托具有资质的第三方检测机构出具的污染物排放检测报告;

13.6 企业相关《建设项目环境影响评价报告》和批复文件、排污许可证等;

13.7 危废转移计划备案表、处置联单以及委外处理合同、管理制度等;

13.8 项目实施的发票或有资质的审计机构出具的项目决算审计报告;

13.9 项目立项(备案、核准、审批)文件;

13.10 规划部门对项目的批复文件(项目选址意见书/规划审核意见或相关意见),用地手续文件(房地产权证/土地租赁合同/建设用地批准书/国有土地使用权出让合同或相关意见),按照有关规定无需办理的除外;

13.11 评估意见和评估意见修改回复单;

13.12 《清洁生产审核验收报告》。

14. 验收标准及要点

14.1 验收报告应如实反映企业在清洁生产审核评估后的工作,并体现评估意见、专家意见要求修改的内容等;

14.2 企业实施清洁生产方案后,实现了预期的清洁生产目标;已实施的清洁生产方案纳入了企业正常的生产过程;

14.3 已经发布清洁生产评价指标体系的行业,利用评价指标体系评定企业在行业内的清洁生产水平;未发布清洁生产评价指标体系的行业,可以参照行业统计数据评定企业在行业内的清洁生产水平定位或根据企业近三年历史数据进行纵比说明企业清洁生产水平改进情况;

14.4 验收现场考察:企业生产设备、环保治理设施正常运行,不存在明显的跑冒滴漏现象,评估提出的现场整改实施完成;查看企业相关统计报表、发票等验收资料,核实报告内容、数据的真实性、符合性,验证清洁生产方案的实际运行效果。

15. 验收结论

验收结果分为“合格”和“不合格”两种。

15.1 验收合格

根据《企业清洁生产审核验收打分表》综合得分为 85 分及以上的企业合格,由评估验收机构形成清洁生产项目验收意见。

15.2 验收不合格

根据《企业清洁生产审核验收打分表》综合得分为 84 分及以下的,或存在下列情况之一的企业,清洁生产审核验收不合格:

15.2.1 企业在方案实施过程中弄虚作假,虚报环境和经济效益的;

15.2.2 企业污染物排放浓度未达标或污染物排放总量、单位产品能耗超过规定限额的;

15.2.3 企业存在国家或本市规定明令淘汰或禁止的生产工艺、设备以及产品;产品、副产品或生产、服务过程中含有或使用国家规定的国际公约禁用的物质;

15.2.4 对于已经发布清洁生产评价指标体系的行业,企业未达到相关行业清洁生产的三级指标;

15.2.5 企业在清洁生产审核开始至验收期间,发生重大及以上污染事件。

验收不合格的企业，应根据整改意见单，在规定时限内做好整改工作，并按程序重新提交一次验收申请。

16. 验收材料归档要求

验收“合格”的企业及审核咨询机构根据验收会上出具的清洁生产项目验收意见、专家意见等完善验收报告内容，填写《审核意见修改回复单》，并在验收之日起 2 个月内将回复单及盖好企业公章、机构公章的《清洁生产验收报告》（最终版）提交至评估验收机构，并将相关归档材料上传至平台。逾期 2 个月未交，则暂停受理相关责任人的评估、验收申请。

五、上海市循环经济发展和资源综合利用专项扶持办法（2014 年修订版）

（2015 年 1 月 7 日印发）

第一条（目的和依据）

为推动生态文明建设，加快转变经济发展方式，建设资源节约型和环境友好型城市，促进本市循环经济发展和资源综合利用，根据《中华人民共和国循环经济促进法》和《上海市节能减排专项资金管理办法》的要求，特制定本办法。

第二条（支持范围）

（一）支持工业、城建、农林和生活等领域废弃物资源综合利用，如大宗工业固废、建筑垃圾、畜禽粪便和农作物秸秆、污水厂污泥、电子废弃物、餐厨垃圾等，重点支持其中市场不能有效配置资源，需要政府支持的废弃物资源综合利用；

（二）支持将废旧汽车零部件、工程机械、机电产品等进行再制造；

（三）市政府要求支持的其他循环经济和资源综合利用项目；

（四）优先支持范围：国家重点支持、需要地方配套的循环经济和资源综合利用项目；纳入本市循环经济发展专项规划的项目；纳入国家试点及本市循环经济示范的项目、纳入本市环保三年行动计划中循环经济和资源综合利用专项的项目；区县有配套资金或政策支持的项目。

已从其他渠道获得市级财政资金支持的项目，不得重复申报。具体支持范围，由市发展改革委在每年组织项目申报时会同有关部门研究确定后另行通知。

第三条（支持方式和标准）

（一）对符合条件的固定资产投资类项目，按照不超过项目实际完成投资额的30%给予补贴，单个项目补贴金额不超过1 000万元。

（二）对国家重点支持、要求地方配套的项目，按照国家要求，给予相应支持；对市政府要求重点支持的其他项目，其补贴方式和标准另行报市政府批准后执行。

第四条（资金来源）

本市用于扶持循环经济发展和资源综合利用的资金，在市节能减排专项资金中安排，并按照《上海市节能减排专项资金管理办法》的要求实施管理。

第五条（申报条件）

（一）在本市注册并落户，具有独立法人资格的单位；

（二）项目利用本市产生的废弃物为主；

（三）符合国家和本市产业政策导向；

（四）单位资金和纳税信用良好、财务管理制度健全；

（五）项目能源利用效率处于本市同行业领先水平；如相关产品在国家或本市有产品能耗限额标准的，原则上应达到其中先进值的要求；

（六）利用农林废弃物的项目，投资额应在400万元以上，其他项目投资额应在1 000万元以上；

（七）项目已于申报上一年度或于本年度申报截止日期前建成投产并稳定运行，已办结国家规定的环保竣工验收手续，审批文件齐备。

第六条（项目申报）

（一）申报项目实行归口管理。其中，中央和市属单位申报的项目由市级各行业主管部门先行受理并进行初审；其他单位申报的项目由项目所在地的区（县）发展改革委先行受理并进行初审。

（二）对于符合申报条件的项目，各项目单位向各归口单位报送以下材料：

1.《上海市循环经济发展和资源综合利用专项资金申请报告》；

2.《上海市循环经济发展和资源综合利用专项资金申请项目基本情况表》（附表1*）；

3.《上海市循环经济发展和资源综合利用专项扶持项目申报承诺表》（附表2*）；

4. 项目的审批（或核准、备案）文件；

---

* 本书略。

5. 环保部门对项目的环境影响评价批准文件(或相关意见),环保竣工验收批准文件(或相关意见);

6. 规划、土地部门对项目的批准文件(或相关意见),按照有关规定无需办理的除外;

7. 审计部门或有资质的机构出具的项目决算审计报告或结算审价报告;

8. 项目单位法人执照、专业资质证书复印件(如有);

9. 其他相关证明材料。

第七条(项目审核和资金拨付)

(一) 各归口单位根据每年度市发展改革委发布的申报通知及要求,负责对申报项目进行初审,并在此基础上,正式行文报送市发展改革委。

(二) 市发展改革委受理项目申报材料后,委托专业机构组织专家对项目进行评审和实地踏勘,并应用上海市公共信用信息服务平台查询企业信用情况。专业机构应出具评审意见。

(三) 建立由市发展改革委、市财政局,以及市经济信息化委、市商务委、市科委、市建设管理委、市农委、市环保局、市水务局、市绿化市容局等部门共同参加的审定小组。审定小组根据专业机构出具的意见,研究确定扶持项目初步名单和拟补贴的资金数额,形成本年度专项扶持计划草案并进行公示。

(四) 公示结束后,市发展改革委对公示通过的项目下达专项扶持计划,同时抄送市财政局。

(五) 市财政局根据市发展改革委的拨款申请,按照财政资金使用和管理的有关规定,将专项扶持资金一次性拨付到各项目单位。

第八条(监督和管理)

(一) 获得专项资金扶持的项目单位,在按照现行有关财务制度使用资金的同时,要加强获得支持项目的日常运营管理,充分发挥补贴资金的投资效益,努力扩大项目的资源环境效益。

(二) 各归口单位加强初审把关,负责对专项资金扶持项目进行管理和监督。

(三) 市发展改革委对专项资金扶持项目进行抽查和评估;市财政局会同市审计局对专项资金的使用情况进行监督和审计。

(四) 在对项目的监督管理中,发现提供虚假材料,骗取专项资金的行为,经查实,取消该单位三年内财政补贴资金的申请资格,并按照国家有关规定进行处理。

第九条(附则)

(一) 本办法自发布之日起施行。原《上海市循环经济发展和资源综合利用专项扶持办法》(沪发改环资〔2010〕31号)废止。

(二) 本办法由市发展改革委和市财政局依照各自职责负责解释。

六、上海市节能减排(应对气候变化)专项资金管理办法

(自2017年2月1日起实施,有效期至2021年1月31日)

第一条(目的和依据)

为贯彻落实《节约能源法》《环境保护法》《循环经济促进法》《清洁生产法》和国家有关应对气候变化工作要求,落实《上海市节约能源条例》《上海市环保条例》《上海市大气污染防治条例》等,加大对本市节能减排、低碳发展和应对气候变化的支持力度,进一步完善规范上海市节能减排(应对气候变化)专项资金(以下简称“专项资金”)的使用和管理,特制定本办法。

第二条(总体要求)

专项资金聚焦节能减排和应对气候变化,主要用于鼓励对现有设施、设备或能力等进一步挖潜和提高,重点支持其他资金渠道难以覆盖或支持力度不够且矛盾比较突出的事项。专项资金原则上只用于节能减排降碳的奖励和补贴,不用于直接安排固定资产投资项目。本市原存量资金已明确规定的用途不变。

第三条(资金来源)

专项资金由市级财政预算专项安排,主要来源为:

(一) 市级财政预算资金;

(二) 实施差别电价电费收入;

(三) 市政府确定的其他资金来源。

中央财政下达本市并明确由地方统筹安排使用的节能减排专项资金,可依照本办法进行管理。

第四条(支持范围)

(一) 淘汰落后生产能力。重点用于支持本市调整淘汰高耗能、高污染、低附加值的劣势企业、劣势产品和落后工艺的实施。

(二) 工业节能减排。重点用于支持工业通过技术改造和技术升级,取得显著节能减排降碳成效,具有推广意义的技术改造项目。支持具有推广和示范作

用的清洁生产示范项目。

（三）合同能源管理。重点用于支持合同能源服务公司为用能单位开展的前期节能诊断服务，以及实施合同能源管理项目所开展的技术改造。

（四）建筑节能减排。重点用于支持既有建筑节能改造、绿色建筑、装配式建筑、立体绿化、可再生能源与建筑一体化应用等试点示范工程，政府机关办公建筑和大型公共建筑的能源审计、能耗监测系统建设等。

（五）交通节能减排。重点用于支持淘汰高耗能、高污染的交通运输工具（设施设备），推广应用新能源、清洁燃料替代、尾气处理项目，鼓励应用新机制、新技术、新产品、新设备开展节能减排技术改造和技术升级项目。

（六）可再生能源开发和清洁能源利用。重点用于支持风能、太阳能、生物质能、地热能等开发应用。支持分布式供能等清洁能源利用。

（七）大气污染减排。重点用于支持燃煤、燃油设施清洁能源替代，燃煤、燃油、燃气设施主要污染物超量减排和提前减排，挥发性有机物治理，控制扬尘污染等。

（八）水污染减排。重点用于支持直排污染源截污纳管、污水管网完善、主要水污染物超量减排和提前减排、农村生活污水治理等工作。

（九）循环经济发展。重点用于支持发展循环经济，鼓励开展工业、农林、城建、生活等领域废弃物减量化和资源化利用，深入推进垃圾分类，提高资源回收和利用率，推进再制造和园区循环化改造等试点示范。

（十）低碳发展和应对气候变化。重点用于支持低碳城市建设试点示范项目。支持温室气体排放控制、碳捕集利用封存工程示范、碳汇以及适应气候变化能力提升等。

（十一）节能低碳产品推广及管理能力建设。重点用于支持高效、节能、低碳、环保产品推广。支持新能源汽车、新能源汽车充换电设施推广等。支持节能低碳宣传培训、对标达标、能耗监测监控、碳排放交易和管理等能力建设及基础工作。

（十二）用于支持国家明确要求地方给予政策配套的节能减排低碳事项及市政府确定的其他用途。

第五条（诚信要求）

申请专项资金的单位或个人应当符合信用状况良好的基本条件。信用状况良好是指申请单位在本市公共信用信息服务平台上无严重失信记录。严重失信记录的事项范围及其处理措施，由项目管理部门在有关实施细则中明确。

第六条（支持方式）

专项资金主要采用补贴或以奖代补的方式。补贴或以奖代补费用，按照项目性质、投资总额、实际节能减排降碳量（或高碳能源替代量、废弃物减量、资源综合利用量）以及产生的社会效益等综合测算。

补贴或以奖代补费用按照专项资金所明确的支持范围中的一种进行申请和确定，同一项目不得重复申请相关补贴。

第七条（部门职责）

上海市应对气候变化及节能减排工作领导小组办公室（设在市发展改革委，以下简称"市节能减排办"）、市财政局共同负责专项资金的总体安排、统筹协调和监督管理。市发展改革委、市经济信息化委、市住房城乡建设管理委、市交通委、市农委、市环保局、市水务局、市绿化市容局和市政府明确的其他部门（以下统称"项目管理部门"）根据部门职责，分别负责本办法的具体操作实施。市审计局等部门依据本办法，按照各自职责，协同做好专项资金的监督管理工作。

第八条（实施细则的制定要求）

对符合第四条支持范围的节能减排低碳项目，须由该项目管理部门牵头制定实施细则。其中，市发展改革委牵头负责可再生能源开发和清洁能源利用、循环经济发展、低碳发展和应对气候变化、新能源汽车推广、新能源汽车充换电设施推广、节能低碳能力建设等实施细则的制定和实施。市经济信息化委牵头负责淘汰落后生产能力、工业节能减排、合同能源管理、节能产品推广等实施细则的制定和实施。市住房建设管理委牵头负责建筑节能减排实施细则的制定和实施。市交通委牵头负责交通节能减排实施细则的制定和实施。市环保局牵头负责大气污染减排等实施细则的制定和实施。市水务局牵头负责水污染减排等实施细则的制定和实施。市农委牵头负责农业减排实施细则的制定和实施。市绿化市容局牵头负责生活垃圾分类减量实施细则的制定和实施。

实施细则应明确具体支持范围、认定条件（含失信记录清单）、支持方式、扶持标准、申报要求、操作流程、监督管理、实施期限等内容。牵头制定实施细则的部门要充分征求相关方面意见，并会同市发展改革委、市财政局等报请市政府审定批准后，联合发布实施。对政策到期或需要修订的，由牵头部门研究修改，并会同市发展改革委、市财政局等报请市政府审定批准后，联合发布实施。

第九条(资金预算的编制要求)

各项目管理部门应当结合年度重点工作安排,在每年9月底前,编制本领域下一年度专项资金预算需求,报市节能减排办。市节能减排办应当在每年10月底前,编制专项资金预算安排建议后报市财政局。市财政局负责将资金需求纳入下一年度市级财政预算,按照法定程序,报市人大批准后实施。

市节能减排办根据市人大批准后的资金预算额度,研究提出本年度资金预安排,并印发各相关部门。

第十条(资金使用拨付流程)

(一) 申请资金使用计划。各项目管理部门确定拟扶持的具体项目及扶持金额后报市节能减排办,内容包括:项目名称、项目性质、节能减排降碳量(或高碳能源替代量、废弃物减量、资源综合利用量)、总投资及扶持金额,以及审核意见等。

(二) 下达资金使用计划。市节能减排办在收到项目管理部门报送的项目和扶持金额后,进行审核并及时下达资金使用计划,抄送市财政局、市审计局。

(三) 申请拨款。各项目管理部门根据市节能减排办下达的资金使用计划,在15个工作日内,向市财政局提出专项资金拨款申请。

(四) 资金拨付。市财政局根据专项资金拨款申请,按照财政资金支付管理的有关规定进行审核后,将支持资金直接拨付到项目单位或下达到项目所在地区。

第十一条(监督管理)

(一) 加强监督评估。各项目管理部门会同相关部门负责专项资金支持项目的监督、检查和评估验收。市节能减排办委托相关单位对专项资金支持项目的节能减排情况进行抽查和评估。市财政局和市审计局对专项资金的使用情况和项目执行情况进行绩效评价、稽查和审计。对采取虚报、冒领等手段骗取补贴资金的单位(个人),由各项目管理单位牵头负责追回资金,并按照《财政违法行为处罚处分条例》等有关法律法规处理,对情节严重或造成严重后果的责任人员,依法追究法律责任。

(二) 搞好信息公开。对各项政策文件和资金使用计划,应当于颁布或下达之日同时公开。市节能减排办负责公开管理办法、资金使用计划和年度总体使用情况。各项目管理部门负责公开制订的本领域的实施细则及操作流程(申报指南)。对拟支持的项目(事项),相关管理部门应当在申请下达计划前通过部门网站进行公示,公示内容应包括项目单位、项目名称以及拟扶持的资金额度。对资金使用结果,相关管理部门应在资金拨付后通过部门网站进行公开,公开内容应当包括项目单位、项目名称以及实际拨付的资金额度。

第十二条(附则)

本办法自2017年2月1日起实施,有效期至2021年1月31日。

七、上海市鼓励企业实施清洁生产专项扶持办法

第一条(目的和依据)

为鼓励本市企业实施清洁生产,提高资源利用效率,控制和减少污染物的排放,实现企业生产"节能、降耗、减污、增效"目标,根据《中华人民共和国清洁生产促进法》《清洁生产审核办法》等规定,制定本办法。

第二条(定义)

本办法所称清洁生产,是指不断采取改进设计、使用清洁的能源和原料、采用先进的工艺技术与设备、改善管理、综合利用等措施,从源头削减污染,提高资源利用效率,减少或者避免生产、服务和产品使用过程中污染物的产生和排放,以减轻或者消除对人类健康和环境的危害。

第三条(资金来源)

本市用于清洁生产专项扶持的资金在市节能减排专项资金中予以安排。

第四条(实施期限)

本办法适用于2016至2020年期间列入本市清洁生产审核重点企业名单的企业。

第五条(申报条件)

申报专项扶持的企业应当具备下列条件:

(一)在本市行政区域内登记注册的企业;

(二)单位财务状况和纳税信用良好、财务管理制度健全;

(三)项目符合国家和本市产业政策导向;

(四)项目符合国家和本市节能、环保等强制标准;

(五)列入本市清洁生产审核重点企业名单。

本市清洁生产审核重点企业名单由市经济信息化委会同市环保局根据国家

及本市产业发展的重点领域、节能减排的重点行业、重点园区和清洁生产重点工作情况定期发布。

第六条(扶持范围)

本办法主要扶持下列清洁生产项目:

(一)通过采用改进产品设计、采用无毒无害的原材料、使用清洁能源或再生能源、运用先进的物耗低的生产工艺和设备等措施,从源头削减污染物排放的项目;

(二)通过采用改进生产流程、调整生产布局、改善管理、加强监测等措施,在生产过程中控制污染物产生的项目;

(三)采取有效的污染治理措施,减少污染物排放的项目;

(四)实施物料、水和能源等资源综合利用或循环使用的项目;

(五)位于本市195、198地块内的企业仅限申报不新增产能的清洁生产改造项目。

已从其他渠道获得市级财政资金支持的项目不得重复申报。

第七条(扶持方式)

相关企业按照《清洁生产审核办法》规定,在完成清洁生产项目且通过审核评估验收后,由企业自行申报,可以按照以下标准获得扶持奖励:

(一)企业项目与清洁生产相关的实际投资额低于100万元的,奖励10万元;

(二)企业项目与清洁生产相关的实际投资额高于100万元(含100万元)的,按照项目实际投资额的20%予以奖励,最高不超过300万元。

第八条(申报通知)

市经济信息化委每年发布申报通知,明确申报要求、申报时间、受理地点等具体信息。

相关企业按照年度申报通知要求,通过"上海市经济和信息化委员会专项资金项目管理与服务平台"统一申报。

第九条(申报材料)

申请专项扶持,应当编写《上海市清洁生产专项资金申请报告》,申请报告包含下列材料:

(一)《申报材料真实性承诺书》;

(二)《上海市清洁生产专项资金申请表》;

（三）清洁生产审核项目验收意见；

（四）《清洁生产项目实施情况表》；

（五）项目立项（备案、核准、审批）文件，按照有关规定无需办理的除外；

（六）新建、改建和扩建项目需提供环保部门对项目的环境影响评价批复文件（或相关意见），排污许可证，按照有关规定无需办理的除外；

（七）规划部门对项目的批复文件（项目选址意见书/规划审核意见或相关意见），用地手续文件（房地产权证/土地租赁合同/建设用地批准书/国有土地使用权出让合同或相关意见），按照有关规定无需办理的除外；

（八）有资质的审计机构出具的项目决算审计报告或结算审价报告（项目投资额100万元及以上）；

（九）清洁生产审核咨询服务机构出具的审核报告等。

第十条（项目审核评估验收）

市经济信息化委会同市环保局开展清洁生产审核评估验收工作。评估验收工作可以采取委托第三方机构的形式组织开展，所需经费纳入同级预算统筹安排。

第十一条（项目审定）

市经济信息化委会同市发展改革委、市环保局、市财政局等部门，对企业申报材料进行审核后，共同确定拟扶持项目名单和资金数额。

第十二条（项目公示和资金拨付）

市经济信息化委将拟扶持项目名单和扶持资金数额向社会公示。

对公示无异议的项目，市经济信息化委按照规定向市发展改革委（市节能减排办）申请下达专项资金使用计划，并根据专项资金使用计划向市财政局提出拨付申请。市财政局按照财政资金使用和管理的有关规定，拨付专项扶持资金。

第十三条（监督管理）

市经济信息化委、市发展改革委、市环保局负责对扶持项目进行管理和抽查评估。市财政局、市审计局负责对扶持资金的使用情况进行监督和审计。

获得扶持资金的企业，应当按照有关财务制度使用资金，并加强对扶持项目的管理，扩大项目的资源环境效益。

第十四条（相关责任）

在项目监督管理过程中，发现项目申报企业存在提供虚假材料，骗取扶持资金的行为，一经查实，取消该企业三年内申请财政补贴资金的资格，并按照有关规定将相关单位及主要负责人的失信行为纳入公共信用信息服务平台，情节严重的将追究法律责任。

第十五条（应用解释）

本办法由市经济信息化委会同市发展改革委、市环保局、市财政局负责解释。

第十六条（实施日期）

本办法自2017年6月1日起实施，有效期截至2021年12月31日。

八、上海市工业节能和合同能源管理项目专项扶持办法

（2017年4月27日印发）

第一条（目的和依据）

为加快工业节能改造升级，推进合同能源管理模式，推广应用高效节能机电产品，加快能源管理中心和能源管理体系建设，根据《上海市节约能源条例》和《上海市节能减排（应对气候变化）专项资金管理办法》（沪府办发〔2017〕9号）规定，制定本办法。

第二条（资金来源）

本办法所称的上海市工业节能和合同能源管理项目专项扶持资金（以下称扶持资金），按照本市节能减排政策关于节能技术改造、合同能源管理、节能产品推广及管理能力建设相关要求，从市节能减排专项资金中列支。

第三条（支持原则）

扶持资金的使用与管理应当遵循以下原则：

（一）有利于提高本市工业能源利用效率；

（二）有利于提升本市工业节能管理水平；

（三）有利于发展本市节能服务产业。

第四条（支持对象）

本办法支持的对象应当符合以下要求：

（一）本市注册并具有独立承担民事责任能力的企事业单位；

（二）经营状态正常，财务管理制度健全，信用记录良好；

（三）具有完善的能源计量、统计和管理体系；

（四）申报项目具有较好的经济、社会和环境效益。

第五条（支持范围和条件）

本办法的支持范围和条件是：

（一）节能技术改造项目

符合国家产业政策，对现有工艺、设备进行技术改造；实现年节能量300吨标煤（含）以上的节能技术改造项目。

（二）合同能源管理项目

本市节能服务机构在工业、建筑、交通以及公共服务等领域采取节能效益分享或者节能量保证模式实施的合同能源管理项目，单个项目年节能量在50吨标准煤（含）以上。支持新建工程项目采用合同能源管理模式。

（三）高效电机应用

本市企业购买使用列入国家“能效领跑者”目录或者2级及以上能效水平的高效电机；其中电动机拖动的风机、水泵、空压机至少达到2级能效水平。节能服务机构购买的高效电机必须在本市安装使用，单个企业购买总功率在300 kW以上。

（四）能源管理中心建设

支持本市重点用能单位建立能源管理中心，其中钢铁、石油和化工、建材、有色金属、轻工行业应当符合《钢铁、石油和化工、建材、有色金属、轻工行业企业能源管理中心建设实施方案》（工信部节〔2015〕13号）技术指标要求。支持产业园区管理机构建设能源管理中心，实现园区及重点企业能源、环保数据计量传输与在线监控。其他行业和园区能源管理中心验收要求由市经济信息化委会同市发展改革委、市财政局另行制定。

（五）能源管理体系建设

支持本市企业按照GB/T 23331－2012《能源管理体系要求》开展能源管理体系认证。

第六条（支持标准和方式）

本办法按照以下支持标准和方式：

（一）节能技术改造项目按照600元/吨标煤的标准给予扶持。单个项目最高不超过500万元，扶持资金不超过项目投资额的30%。

（二）合同能源管理项目，节能效益分享型项目奖励标准为800元/吨标煤，节能量保证型项目奖励标准为600元/吨标煤；诊断费补贴标准为200元/吨标煤,最高不超过6万元。单个项目最高不超过500万元,扶持资金不超过项目投资额的30%。节能设备设施投资额1 000万以上的新建合同能源管理项目,给予一次性奖励20万元。

(三)高效电机应用根据装机容量给予补贴(补贴标准见表1)。使用"能效领跑者"电机按照表1补贴标准基础上浮20%,新建项目节能审查意见中明确要求使用节能电机的不予补贴。单个项目补贴不超过500万元,扶持资金不超过项目投资额的30%。

表1:高效电机补贴标准

产品类别	额定功率(kW)	补贴标准(元/kW)	
		电动机改造	新购买使用
低压三相异步电机	0.75≤额定功率≤22	100	60
	22<额定功率<375	60	36
高压三相异步电机	355≤额定功率≤25 000	50	30
稀土永磁电机	0.55≤额定功率≤315	200	120

(四)能源管理中心建设按照设备设施投资额(主要用于能源信息化管理及控制系统)的20%给予补贴,单个项目补贴不超过1 000万元。

(五)能源管理体系建设,对首次通过能源管理体系认证的企业,每家补贴10万元。

扶持资金主要用于工业节能和合同能源管理项目以及节能服务产业发展相关支出。同时符合支持范围(一)、(二)、(三)、(四)情况的同一项目只能选择一项给予扶持。已从其他渠道获得市级财政资金支持的项目,不得重复申报。

第七条(申报程序和项目评审)

符合要求的项目按照以下程序申报和评审:

(一)节能技术改造、合同能源管理、高效电机、能源管理中心项目。由市经济信息化委发布项目申报通知,项目承担单位在项目完成并稳定运行6个月后(至少包括一个运行周期)通过市经济信息化委专项资金项目管理与服务平台提出申请,经各区经委(商务委)或集团公司初审合格后,将书面材料报送至市经济信息化委。市经济信息化委委托第三方机构对项目情况进行现场审核,第三方机构根据至少1年的实际能源运行数据出具审核报告。

(二)能源管理体系项目。由市经济信息化委会同相关部门每年发布项目申报通知,项目承担单位在首次获得能源管理体系认证证书后,通过市经济信息化委专项资金项目管理与服务平台提出资金申请,并将书面材料报送至市经济信息化委。

（三）项目审核费用。涉及第三方机构审核的费用由市节能减排专项资金安排。审核费用支付标准为：节能技术改造、合同能源管理及高效电机项目设备设施投资额低于 250 万元的单个项目审核费用为 2 万元,250（含）~1 000（含）万元的单个项目审核费用为 3.5 万元,高于 1 000 万元的单个项目审核费用为 5 万元;能源管理中心项目单个审核费用为 4 万元。

第八条（资金拨付）

市经济信息化委会同市发展改革委、市财政局对第三方机构审核结果进行审定,并将审定结果在市经济信息化委网站上公示,公示期限为 7 天。

市经济信息化委根据审定意见和项目公示情况,向市发展改革委（市节能减排办）提出财政奖励资金使用计划,并根据市发展改革委（市节能减排办）下达的财政资金使用计划,向市财政局提交拨款申请;市财政局收到拨款申请后,依据财政专项资金支付管理的有关规定,将财政奖励资金拨付给项目承担单位。

第九条（监督和管理）

市经济信息化委负责对工业节能和合同能源管理项目进行监督和管理,市发展改革委（市节能减排办）负责对工业节能和合同能源管理项目的实施情况进行抽查,市财政局负责对扶持资金的使用情况进行监督。

扶持资金必须专款专用,任何单位不得截留、挪用。对弄虚作假、重复申报等方式骗取财政补贴资金的单位,除追缴财政补贴资金外,三年内将取消其财政专项资金申报资格,并按有关规定将相关单位及主要负责人的失信行为,提供公共信用信息服务平台,情节严重的将追究法律责任。

第十条（参照执行）

符合申报条件的通信、建筑、交通、公共机构等领域节能技术改造、合同能源管理、高效电机、能源管理中心、能源管理体系项目参照本办法执行。

各区节能主管部门可结合实际情况,制定各区相应扶持政策。

第十一条（应用解释）

本办法由市经济信息化委、市发展改革委、市财政局负责解释。

第十二条（实施日期）

本办法自 2017 年 6 月 1 日起施行,有效期至 2021 年 12 月 31 日。原《上海市加快高效电机推广促进高效电机再制造实施细则》(沪经信法〔2012〕682 号)同时废止。

九、上海市经济信息化委、市国税局、市地税局、市环保局、市安全监管局关于做好节能节水、环境保护、安全生产专用设备认定管理和抵免企业所得税工作的通知

(2009 年 6 月 16 日发布)

各区(县)经委(商务委)、税务局,市税务直属分局,各区(县)环保局、安监局,各集团公司,各有关单位:

为贯彻落实科学发展观,推动节能减排,建设资源节约型、环境友好型社会,根据《财政部国家税务总局关于执行环境保护专用设备企业所得税优惠目录、节能节水专用设备企业所得税优惠目录和安全生产专用设备企业所得税优惠目录有关问题的通知》(财税〔2008〕48 号)、《财政部国家税务总局国家发展改革委关于公布节能节水专用设备企业所得税优惠目录(2008 年版)和环境保护专用设备企业所得税优惠目录(2008 年版)的通知》(财税〔2008〕115 号)、《财政部国家税务总局安全监管总局关于公布安全生产专用设备企业所得税优惠目录(2008 年版)的通知》(财税〔2008〕118 号)以及有关法规规章的规定,现就做好本市节能节水、环境保护和安全生产专用设备认定管理和抵免企业所得税工作,通知如下:

一、上海市经济和信息化委员会、上海市国家税务局、上海市地方税务局、上海市环境保护局、上海市安全生产监督管理局组成市专用设备认定委员会,共同负责本市节能节水、环境保护和安全生产专用设备认定工作,认定委员会的工作细则另行制定;市国税局、市地税局负责落实国家税收优惠政策,市经济信息化委负责专用设备认定的日常工作。

二、经认定实际购置并自身实际投入使用符合国家公布《目录》范围的节能节水、环境保护和安全生产专用设备的企业,按国家和本市有关规定申请享受企业所得税抵免优惠政策。

三、企业自 2008 年 1 月 1 日起购置并实际使用列入《目录》范围内的节能节水、环境保护和安全生产专用设备,可以按专用设备投资额的 10%抵免当年企业所得税应纳税额;企业当年应纳税额不足抵免的,可以在以后 5 个纳税年度结

转抵免。

四、享受税收抵免优惠的企业从购置之日起五个纳税年度内因经营状况发生变化而转让、出租、停止使用所购置专用设备的,应自发生变化之日起 15 个工作日内向主管税务机关报告,并停止享受税收抵免优惠,补缴已扣免的企业所得税税款。

五、专用设备认定,实行由企业申报,市经济信息化委委托专业机构会同市环保局、市安全监管局等有关部门审核认定、市国家税务部门复核的制度。专业机构审核费用由市经济信息化委部门预算落实。

六、认定内容:1. 审核申报专用设备是否在《目录》列举范围之内;2. 审核购置专用设备是否实际投入使用。

七、凡申请专用设备认定的企业,应向市经济信息化委提出书面申请,并提供规定的相关材料:1.《上海市节能节水、环境保护和安全生产专用设备认定申报表》(见附件 1*);2.《上海市企业购置使用节能节水、环境保护和安全生产专用设备认定申报明细表》(见附件 2*);3. 购置合同和发票(复印件);4. 企业工商营业执照、税务登记证(复印件)。

八、市经济信息化委在上海市节能服务中心(胶州路 358 弄 1 号楼 401 室)窗口随时受理企业专用设备认定申请,并根据下列情况分别作出处理:1. 对属于专用设备认定《目录》范围、申请材料齐全的,予以受理;2. 对不属于专用设备认定《目录》范围的,不予受理并当即告知理由;3. 对属于专用设备认定《目录》范围,但申请材料不齐全或者不符合规定要求的,应一次性告知申请单位需要补充材料的全部内容。

九、市经济信息化委对申报材料合格的企业,委托专业机构按照规定的认定条件和内容进行现场核对,并自受理申请之日起 20 个工作日内完成审核。对通过审核认定的企业,由市专用设备认定委员会每半年发文公告一次名单,并向企业发放《专用设备认定确认书》和《告知书》。

每年度上海市节能监察中心会同主管税务机关负责对专用设备的认定进行监督检查,并将检查情况及时向专用设备认定委员会通报。

十、通过审核认定的企业,凭市专用设备认定委员会的发文公告和《专用设备认定确认证明》,到主管税务机关办理企业所得税抵免优惠手续。

---

* 本书略。

十一、对已获《专用设备认定确认书》的企业，税务部门在执行企业所得税抵免政策过程中发现认定有误的，应停止企业享受税收抵免优惠，并及时通过市国税局与地税局上报市专用设备认定委员会协调沟通，提请纠正，已经享受的优惠税额应予追缴。

十二、参与认定的工作人员要严守专用设备认定单位的商业和技术秘密。

十三、行政机关工作人员在办理专用设备认定过程中有滥用职权、玩忽职守、弄虚作假或收受贿赂等行为的，由其所在部门给予行政处分；构成犯罪的，依法追究刑事责任。

十四、本通知涉及的《目录》规定及企业所得税抵免优惠政策如有修订，按修订后的执行。

本通知由市经济信息化委、市国税局、市地税局、市环保局、市安监局负责解释，自发布之日起施行。

4 案例篇

案例一　废乳化液真空蒸发减量化案例

1. 废乳化液的来源

机械加工工业在磨、切、削、轧等加工过程中，普遍使用乳化液来冷却、润滑、防锈、清洗等，以提高产品的质量，减少机床磨损，从而延长机床的使用寿命。乳化液又被称作冷却液、润滑液，品种繁多，作用各异，大致分为切削油、乳化油、水基切削液等，基本上用水、乳化油和化学添加剂（如油性剂、乳化剂、润滑剂、防锈剂等）配制而成。乳化液使用一段时间后，各种性能降低，品质劣化，需要更换，更换下来的乳化液便是废乳化液。

2. 废乳化液的危害及定性

废乳化液是一种高浓度含油废水，水质成分复杂，其 COD、油类、SS 等浓度较高，且油、乳的稳定性好，带有刺激性恶臭，水质呈弱碱性，难以处理。

废乳化液对水体、大气和生态环境的危害主要表现为：

1）使水面复氧停止，降低水体自净能力；

2）所含部分挥发有机物污染大气环境；

3）废乳化液所含物质的分解产物存在多种有毒物质和致癌物质。

目前根据《国家危险废物名录》规定，机加工行业产生的废乳化液明确定义为危险废弃物（危废代码：900 - 006 - 09，指使用切削油和切削液进行机械加工过程中产生的油/水、烃/水混合物或乳化液）。其根据国家环保法规要求，必须委托有资质的危险废物处置单位进行合规处置。

3. 废乳化液现有的处理工艺

目前废乳化液处理可以通过物理法、物理化学法、化学法、电解絮凝气浮法和生物化学法等。其中前 3 类处理方法可以进一步细分如下。

物流法：重力法、膜分离法；

物流化学法：吸附法、气浮法；

化学法：酸化法、絮凝法、聚沉法、高级氧化法。

目前主流处理工艺往往存在处理速度慢、工艺复杂、流程长、占地面积大等问题。而若对废乳化液进行有效处理，产生单位则必须对其进行全部收集并委托有资质的危险废物处置单位进行合规处置。

4. 废乳化液真空蒸发治理技术

(1) 技术原理

废乳化液中一般含有矿物油或者合成油、乳化剂、稳定剂、消泡剂和各种添加剂等物质，但其中占比最大的是水，一般占比达到90%~97%。废乳化液通常可以在前端选用机械式的过滤器，用来分离废液中的固体颗粒和漂浮油液，经过处理后的蒸馏水不含有盐类、重金属和细菌，可以回收利用(图4-1)。

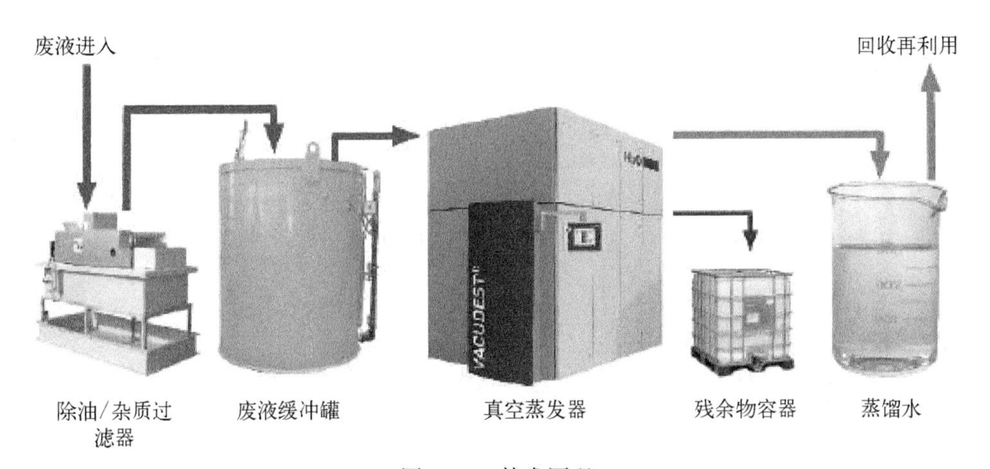

图4-1 技术原理

(2) 处理效果

废乳化液经过真空蒸发治理技术处理后，90%以上可以转化成符合水质标准要求的中水，进行可以在机加工行业中进行回收再利用(譬如用于超声波清洗工序的补水)，剩余的10%的浓缩废液作为危险废物进行合规处置(图4-2、图4-3)。

(3) 环境效益

通过真空蒸发治理技术处理后，一方面能够对废乳化液进行90%以上的减

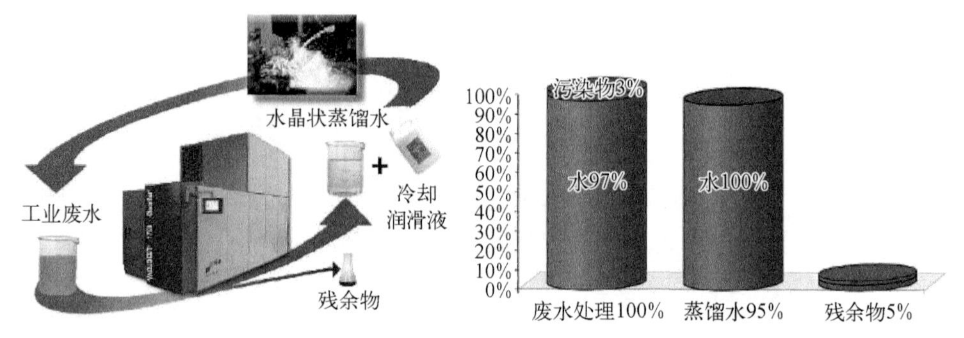

图 4-2　处理效果

图 4-3　处理效果

量化，减少固体废物产生量；另一方面其回收水在厂区内进行闭式回用，也能够有效地减少水资源消耗。

(4) 运行关注点

1) 环保设备的运行台账；

2) 原水、浓缩废液、蒸馏水的物料平衡；

3) 设备、管道的点检、运维保养；

4) 操作人员的技术培训。

案例二　利用低温传质技术对高含水率危废的减量化案例

1. 水基危废的来源及定性

水基危废（较高含水率的液态危废）在工业生产中有着广泛的分布，如废有机溶剂（HW06）、清洗废液（HW06）、废矿物油（HW08）、废油水混合物（HW09）、废乳化液（HW09）、废酸（HW34）、废碱（HW35）等。

按照国家相关规定，对于危废需委托有资质的第三方进行处置，给产废企业带来了较大的成本压力。

2. 现有处理方式

目前减量化方式包含物理法、物理化学法、化学法、生物化学法等，存在着处置工艺复杂、操作烦琐、占地面积大等诸多现实问题。

3. 载气萃取低温传质废液减量化处理

(1) 技术原理

载气萃取低温传质废液减量化处理装置的空气回路设计为全封闭回路，在装置内完成对强废液低温传质气体的输送媒介作用。空气在低温蒸发段，其水蒸气分压(Ps)小于被加热后废液表面水蒸气分压(Pv)，在传质动力驱使下，废液中的水分向装置内循环空气迁移，达到对废液低温传质的效果(图 4-4)。饱含水蒸气的循环空气被送入气体回收装置内，与低温冷却表面接触，循环空气得到冷却，当降至空气露点温度以下，空气将所含的水分凝聚析出，达到气体回收效果，冷却回收的程度由冷却温度控制。析出水分后处于低温的空气，为了实现再循环继续吸湿工作，需提高空气的温度以降低空气的相对湿度；为了减少空气加热时对废液温度的影响，要在空气进入低温传质前利用制冷机组的冷凝热进行加热。其原理见图 4-5。

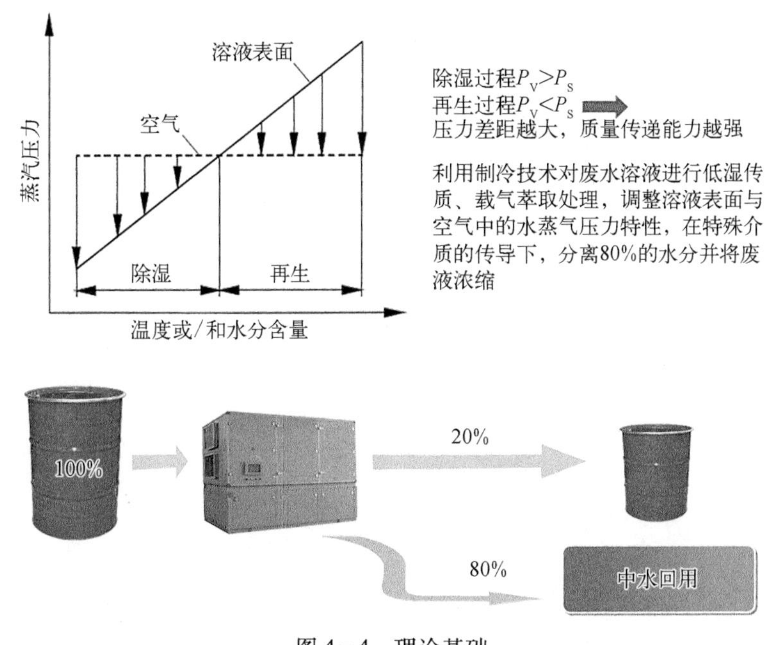

图 4-4 理论基础

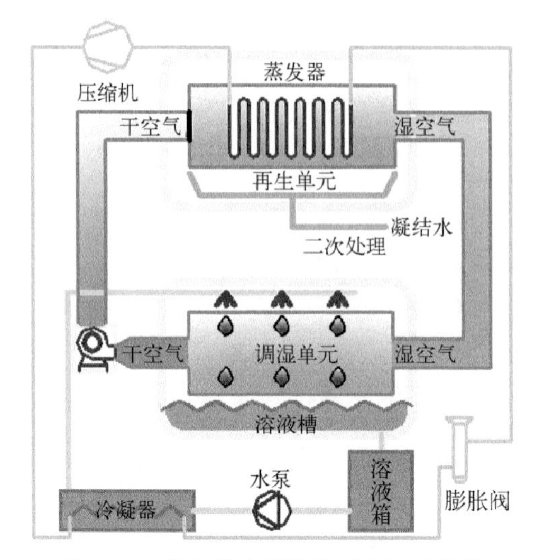

图 4-5　载气萃取低温传质废液减量化处理装置系统原理图

(2) 技术特点

其技术特点如图 4-6 所示。

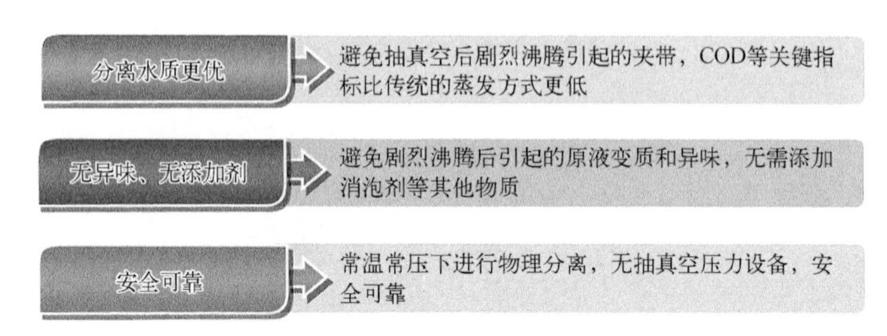

图 4-6　技术特点

(3) 实际效果

其处理的实际效果见图 4-7。

清洗液

炉内清洗液

乳化液

渗透液

左至右分别为：分离液、矿泉水、皂化液

图 4-7 处理效果

案例三 涂料厂溶剂再生技术案例

1. 废溶剂的来源

在涂料行业生产过程中，会大量的使用有机溶剂，例如用甲苯、二甲苯、乙酸乙酯、乙酸丁酯等有机溶剂作为主要的生产原料。每个批次的生产过程中间，需要对生产设备（主要是搅拌釜、反应釜等）进行清洗，而清洗溶剂同样也是有机溶剂，但清洗过后的有机溶剂往往无法再次作为产品进行回收使用，需要作为危险废物进行处置，所以清洗溶剂往往是涂料厂危废的主要源头。

2. 废有机溶剂的危害及定性

根据《国家危险废物名录(2016 版)》，在 HW06 大类中，规定了对废有机溶剂与含有机溶剂废物作为危险废弃物进行管理。在涂料厂的废有机溶剂中，废物代码 900-403-06 规定的工业生产中作为清洗剂或萃取剂使用后废弃的易燃易爆有机溶剂（包括正己烷、甲苯、邻二甲苯、间二甲苯、对二甲苯、1,2,4-三甲苯、乙苯、乙醇、异丙醇、乙醚、丙醚、乙酸甲酯、乙酸乙酯、乙酸丁酯、丙酸丁酯、苯酚）是最典型的废弃有机溶剂种类。

此类有机溶剂多为易燃液体，本身具有较大的危险性。同时，有机溶剂具有易挥发特性，也往往是 VOCs 产生的主要源头。

3. 现有废有机溶剂的处理工艺

废溶剂通常作为危废进行处理，就是将使用后的溶剂交给有处理资质的危废处理单位进行处理,处理工艺一般为焚烧。

4. 溶剂再生技术

目前,各涂料生产厂家已经积极开展各类废有机溶剂减量措施。

一种是较为简单的过滤方法,通过物理过滤,将清洗溶剂中的残渣去除后,再次循环使用,提高其周转使用次数。这种方法往往用于对于清洗要求不高、产品质量要求并不严苛的生产设备上。

而对于某些高端的涂料(如用于汽车、船舶、特种装备的涂料等)生产工艺要求则严苛得多。通过普通的将清洗溶剂过滤的方法无法满足清洗质量的控制要求,故这种企业一般采用的是蒸馏法,来实现废有机溶剂的提纯再利用。其主要步骤如下:

1) 收集过滤,将回收的溶剂进行初步过滤,过滤掉较大的残渣;

2) 加热蒸馏,将废有机溶剂在蒸馏罐中进行加热,通常加热温度为150℃左右,在有机溶剂加热过程中,较为纯净的溶剂形成蒸汽,而杂质通常通过蒸馏后沉积在蒸馏罐底部;

3) 冷凝回收,通过水冷的方式将溶剂蒸汽凝结为液体,并通过管路进行回收,而剩余的残渣则作为危废进行处置。

4) 不凝废气处理,部分无法凝结的有机废气则通过活性炭过滤后进行排放。

5. 实际案例效益

上海某涂料生产企业,每年需要使用约2 000 t有机清洗溶剂,2014年投入一套有机溶剂回收设备,年设计处理能力2 100 t。投用后,每年委外处置的废有机溶剂的处置量下降到约240 t,下降88%。虽然需要额外增加一定的废活性炭,但是综合效益十分显著。

案例四　废活性炭再利用案例

1. 废活性炭的来源

活性炭是一种具有发达孔隙结构、巨大比表面积和稳定化学性质的类似石墨结构的无定型的碳质材料。活性炭在很多领域被广泛应用,包括气相液相的净化处理、食品工业的脱色、天然气和乙炔的载体、溶剂回收以及作为多相催化剂或双层电容器电极等。

2. 废活性炭的危害及定性

其中应用于净化处理消耗的数量最多,超过活性炭使用量的一半。根据《国家危险废物名录(2016版)》,在特定领域使用的活性炭被列为危险废物。

3. 废活性炭现有的处理工艺

废活性炭通常作为危废处理,就是将吸附饱和以后的活性炭交给有处理资质的危废处理单位进行处理,处理工艺一般为焚烧。

4. 废活性炭脱附技术

由于活性炭来源广(包括煤基、生物质和石油基)、形态多样(包括粉末活性炭、颗粒活性炭、纤维活性炭、活性炭布和纳米活性炭)、吸附物质多样等特点。饱和活性炭的再生方法可分为三大类:物理再生、化学再生和生物再生。但生物再生法再生时间长、效率较低、受水质和温度影响大且生物膜易对活性炭孔隙产生堵塞。化学再生总体来讲对吸附物具有较强选择性且具有一定影响,目前未见大规模工业应用。工业应用较多的方法为物理再生法,根据再生过程中吸附物的最终去除行为特性,分为脱附再生、分解再生。

目前,使用最广泛的活性炭物理再生的方法是分解再生法。分解再生法再生机制为通过高温使吸附质发生分解,由大分子有机物分解成小分子有机物后脱离,实现饱和活性炭的再生。以热再生为例,该技术是目前发展历史最长、最成熟、工业应用最广的再生方法。热再生通常分为三个步骤:

1) 干燥阶段,在105℃下,炭粒内大部分水分蒸发,并伴随着部分VOCs一起脱附。

2) 热解阶段,在惰性气体气氛下将饱和活性炭加热到800℃以上进行分解。105~400℃时,主要为低沸点有机物的热分解和脱附,而400℃以后主要为高沸点有机物发生分解。而烧焦残余物和难裂解有机物在高温下炭化,以固定碳形式残留在活性炭孔隙内后积聚,这一定程度上减小了再生活性炭的吸附性能。

3) 活化阶段,在800~1 000℃时通入适量水蒸气、CO_2或两者混合物等弱氧化性气体对残余物进行氧化分解,消除残余物的同时恢复原始活性炭的孔隙结构与吸附性能。

5. 实际应用——活性炭吸附脱附+催化燃烧项目

(1) 活性炭工作原理

含有机物的废气经风机的作用,经活性炭吸附层,利用活性炭多微孔、比表面积大、吸附能力强的特点将有机物质吸附在活性炭微孔内,洁净气被排出;经一段时间后,活性炭达到饱和状态时,停止吸附,此时有机物已经被浓缩在活性炭内。再利用催化燃烧对饱和活性炭进行脱附再生,并重新投入使用。

待处理的有机混合废气经引风机作用,先经过预处理过滤装置去除废气中的粉尘及杂质部分,否则直接吸附会堵塞活性炭的微缩孔,影响吸附效果甚至使其失效,经过初步过滤后"相对纯净的有机废气"进入吸附装置进行吸附净化处理,有机物质被活性炭吸附截留在其内部,洁净气体则通过烟囱排放到大气中,经过一段时间吸附后,活性炭达到饱和状态,按照 PLC 自动控制程序将饱和的活性炭床与脱附后待用的活性炭床进行交替切换。CO/CTO 自动升温将热空气通过风机送入活性炭床,使碳层升温将有机物从活性炭中吹脱出,脱附出来的废气属于高浓度、小风量、高温度的有机废气。

(2)电催化氧化 ECO/CTO 工作原理

VOC-CO/CTO 型有机气体催化净化装置,是利用催化剂使有害气体中的可燃组分在较低的温度下氧化分解的净化方法。对于 C_nH_m 和有机溶剂蒸汽氧化分解生成 CO/CTO_2 和 H_2O 并释放出大量热量。其反应方程式为:

$$C_nH_m + (n + \frac{m}{4})O_2 \xrightarrow{ps \cdot pd} nCO_2 + \frac{m}{2}H_2O + 热量$$

该装置主体结构由净化装置主机、引风机、控制系统三大部分组成。其中净化装置包括:阻火除尘器(阻火器)、换热器、预热器、催化燃烧室(催化室)等(图 4-8)。

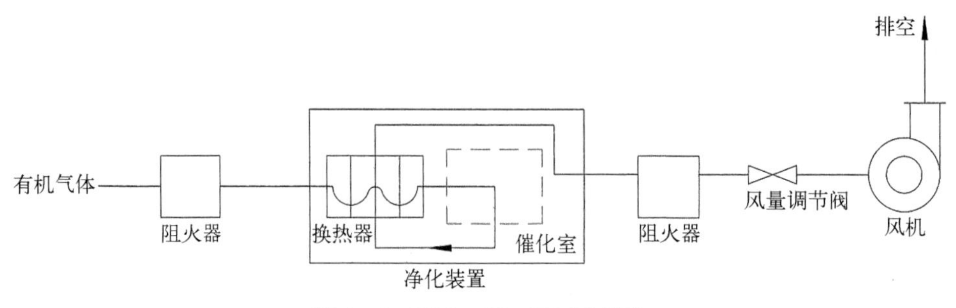

图 4-8 VOC-CO/CTO 原理图

活性炭脱附出来的高浓度、小风量、高温度的有机废气经阻火除尘器过滤后,进入特制的板式热交换器,和催化反应后的高温气体进行能量间接交换,此时废气源的温度得到第一次提升;具有一定温度的气体进入预热器,进行第二次的温度提升;之后开始第一级催化反应,此时有机废气在低温下部分分解,并释放出能量,对废气源进行直接加热,将气体温度提高到催化反应的最佳温度;经温度检测系统检测,温度符合催化反应的要求,进入催化燃烧室,有机气体得到彻底分解,同时释放出大量的热量;净化后的气体通过热交换器将热能转换给冷气流,降温后气体由引风机排空。

有机物利用自身氧化燃烧释放出的热量维持自燃,如果脱附废气浓度足够高,CO/CTO 正常使用只需要用很少的电甚至不需要用电加热,做到真正的节能、环保,同时,整套装置安全、可靠、无任何二次污染。

案例五　污泥再利用案例

1. 污泥的来源

生活污水和工业废水的处理过程中分离或截留的固体物质为污泥。污泥作为污水处理的副产物通常含有大量的有毒、有害或对环境产生负面影响的物质,必须妥善处理,否则将出现二次污染。

2. 污泥的危害及定性

根据《国家危险废物名录(2016 版)》,污泥是危废名录中覆盖面最广的一类废物,在污水处理过程中通常会产生一些固体沉淀物质,即污泥,它主要是由残余的有机物质、无机性颗粒、细菌菌体以及胶体等物质组成的成分极其复杂的混合体。如果在处理污泥过程中有一些不当的地方,就会对水体造成二次污染。依照来源的不同,污泥可以分为下列五种:

1) 初次沉淀污泥,这部分污泥是在初次沉淀池内产生的;

2) 腐殖污泥,在污水二级处理中生物膜法后的二次沉淀池中会产生腐殖污泥;

3) 剩余活性污泥,这些污泥产生在污水二级处理中活性污泥法后的二次沉淀池;

4) 消化污泥,产生于上面三种污泥的消化稳定处理过程中;

5) 化学污泥,来自利用化学法处理废水的过程。

此外,根据污泥的成分,也可以将污泥分为有机污泥和无机污泥。

污泥中除了含有细菌、微生物、寄生虫、悬浮物质和胶体物质之外,还通常含有一些其他有害物质,而不同来源的剩余污泥中所含的有害物质成分也不尽相同。例如,生活污水处理设施中产生的污泥,含有较高的氮、磷等元素;工业污水处理设施中产生的污泥,通常会含有一些有毒、有害的重金属和有害化学物质。

若对水域中剩余的污泥进行了不当处置,则容易对水体造成二次污染。剩余污泥若不进行及时处理,长时间堆放后污泥易发生消化,从而产生沼气。干化后的污泥易随风飞扬,产生粉尘污染。还有一些污泥本身就含有易挥发的有毒有机物质,会散发毒气,这都会对大气产生污染。若堆放的污泥经雨水浸淋,一部分氮、磷以及一些重金属和有害化学物质会被雨水浸出,易对当地的土壤和水体造成污染。

3. 现有的污泥处理工艺

污泥的最终处置一般采用直接填埋处理、稳定化处理、生物堆肥处理和热处理四种方式。一般生产制造型企业鉴于生产规模与工艺技术限制,无法采用上述四种方法对其污水处理过程产生的污泥进行最终处置。

4. 污泥深度脱水技术

生产制造型企业可以通过污泥深度脱水技术,对其产生的危废污泥进行深度脱水,减少其委外处置总量,进而降低危废处理成本。以传统高压板框压滤工艺产生的污泥含水率为80%为例,通过深度脱水技术后,如其污泥含水率降低到50%,含水污泥总重量可以降低60%,处理成本大幅降低。

以低温真空脱水干化成套技术为例,该技术改变了传统工艺流程,将物料的脱水与干化工序合成一体,在同一设备上连续完成(图4-9)。该技术主要针对难处理的细粒级物料及要求含固率高的物料进行固液分离;利用低温(<100℃)真空干化原理,达到传统热力干化的脱水效果;既减少了传统热力干化设备的占地面积,避免了脱水设备和干化设备的转换时间和劳动力,减轻了环保、安全上的压力,又将滤饼水分含量降至用户要求,最大限度地实现污泥的减量化,并在一定程度上起到了杀菌灭活和无害化的作用,是污泥脱水干化的新一代节能降耗设备。

国内城镇和工业等各类污水处理厂(站)在污水处理过程中,会产生大量污泥,随后经常规脱水设备处理后,其含水率约为70%~80%。随着国家环保政策要求的不断提高,污泥处理的现状已无法满足日益增长的环保要求。此工艺可将含水率为90%~99%左右污泥进行调质,经一次处理脱水干化至含水率20%

以下。

污泥经进料过滤、隔膜压滤以及真空热干化等过程处理后，滤饼中的水分已得到充分的脱除，污泥量大大减少，最大限度实现污泥的减量化。经过脱水干化后，污泥含水率降至20%以下，基本达到污泥减量化和无害化的要求，同时为后续进一步资源化创造了条件。

5. 实际应用

上海某公司为实施固体废物的减量化，建设废水处理站污泥脱水技改项目，对废水处理站污泥脱水的高压板框压滤工艺（污泥含水率为75%）进行技术改造，拆除原有的高压板框压滤设备后新增一套污泥低温真空脱水干化机，采用低温真空脱水干化工艺（污泥含水率为30%），设计处理规模为10.7 t/d（污泥含水率96.5%），技改后污泥量为0.535 t/d（含水率30%，按年工作336天计，污泥量179.8 t/a）。

技改后污泥处理工艺分预处理与低温真空脱水干化处理两部分，流程如图4－9所示。

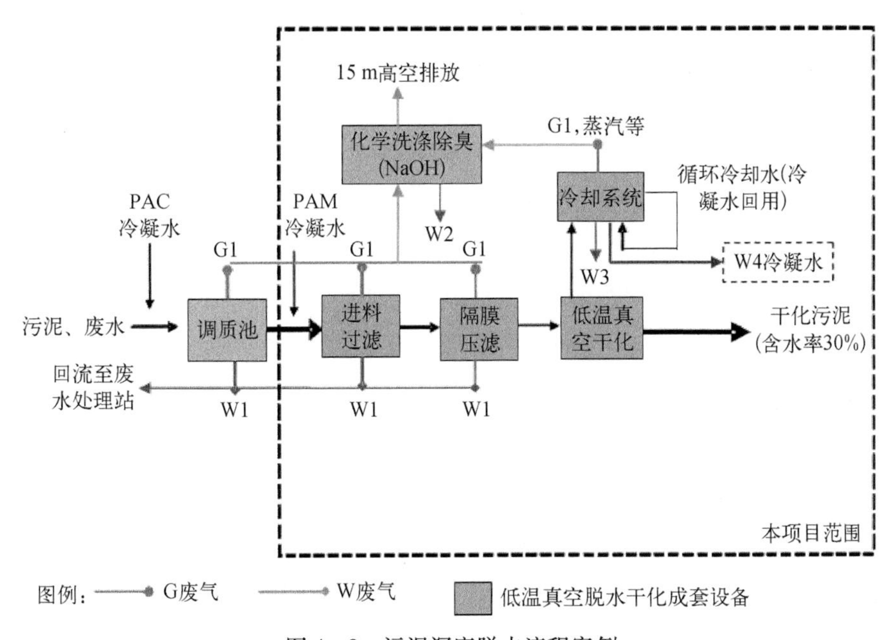

图4－9 污泥深度脱水流程案例

（1）预处理（传统污泥脱水预处理）

采用污泥泵将污泥打入调质池，通过加药设备投加混凝剂PAC后采用混合搅拌设备使药剂充分与污泥混合，污泥含水率达到96.5%左右，使污泥达到进入低温真空脱水干化系统的条件。此过程产生臭气、压滤废水。臭气采用抽风负压引入除臭系统处理。压滤废水回流至废水处理总进水口工段。

（2）低温真空脱水干化处理（污泥深度脱水处理）

1）进料过滤。污泥物料经进泥螺杆泵进入系统的密封滤室内，同时通过加药设备添加絮凝剂PAM，利用泵压使滤液通过滤布排出，直至物料充满滤室；进料过滤过程一般在30～50 min。此工段污染物主要为压滤废水、臭气；压滤废水回流至废水处理总进水口工段，臭气采用抽风负压引入除臭系统处理。

2）隔膜压滤。通过隔膜板内的高压水产生压榨力，使滤饼压密，将残留在颗粒空隙间的滤液挤出，最大限度地降低滤饼水分，使含水率降低到65%左右；隔膜压滤过程持续约90～120 min。此工段污染物主要为压滤废水、臭气；压滤废水回流至废水处理总进水口工段，臭气采用抽风负压引入除臭系统处理。

3）低温真空干化。在隔膜压滤结束后，热水通过滤板，加热腔室内的滤饼，同时开启真空系统，使腔室内部形成负压，滤饼中的水分沸腾汽化排出；滤饼含水率不断降低并达到30%要求后，将滤板快速拉开，卸料结束后自动将滤板合拢，完成整个脱水干化循环。真空干化阶段持续约90～120 min，控制加热热水水温85～90℃，真空设计工作压力在-0.075～-0.095 MPa。此工段污染物主要为含臭气的蒸汽。

4）冷却系统。含臭气的蒸汽经集中收集后采用配套冷却系统冷凝蒸汽，并通过气液分离器分离冷凝水与臭气，冷凝液水质较好能到达回用要求，经贮液罐收集后回用为药剂配置用水和循环冷却水；臭气采用抽风负压引入除臭系统处理。

5）供热系统。低温真空脱水干化一体机热源来自厂区自有蒸汽，传热介质为热水，进热水温度为90℃左右，回热水温度为80～85℃。

6）干化污泥处理。干化后污泥卸料收集采用封闭储存桶，最后由车辆装载外运，按相关规定合理处置。针对低温真空脱水干化处理过程中所产生的废气，其成分较复杂，主要为硫化氢、氨等；因滤液进料后，低温真空脱水干化一体机腔室内部为密闭状态，进料过滤、隔膜压滤及低温真空干化产生的废气采用双道密封内部负压收集的方式收集后采用配套冷却系统冷凝，并通过气液分离器分离滤液与臭气。上述臭气经收集后经位于冷却塔附近的化学洗涤除臭，然后通过风管从位于屋顶的排气筒 15 m 高空排放。臭气通过碱液喷淋处理效率可达 80%以上。

低温真空脱水干化成套设备是一种新型固液分离设备。该技术改变了传统工艺流程，将物料的脱水与干化工序合成一体，在同一设备上连续完成。该技术主要针对难处理的细粒级物料及要求含固率高的物料进行固液分离；利用低温（<100℃）真空干化原理，达到传统热力干化的脱水效果；既节省了传统热力干化设备的占地面积，避免了脱水设备和干化设备的转换时间和劳动力，减轻了环保、安全上的压力，又将滤饼水分降至用户要求，最大限度地实现污泥的减量化，并在一定程度上起到了杀菌灭活和无害化的作用，是污泥脱水干化的新一代节能降耗设备。

案例六　热空气干燥系统冷却优化案例

1. 改造原因

生产工艺中需要对热空气冷却干燥，在原有的热空气冷却干燥系统中，共有两组冷却盘管，需要将 65~70℃的空气降温至 38℃，基于目前的方法，需要利用到现有的冷冻机组来进行降温。在夏季，冷冻机组除了用于热空气冷却干燥，还承担着空调降温的作用。而在冬季，冷冻机组需要单独为热空气冷却系统运行，故会产生较大的电耗。需要通过一定的改造，以解决能耗问题。

2. 方案实施

新增一闭式冷却塔（同时包含相应的泵机、管路、控制系统等），用于非高温季节的冷却，利用自然冷风对循环水进行冷却。而在夏季高温时，单纯的冷却塔无法实现工艺需要的冷却量时，系统切换为冷冻机组进行冷却。

改造前后的对比示意如图 4－10 和图 4－11 所示。

3. 方案优点

1）该方法不会对现有的干燥工艺参数造成影响。

2）此次改进方案不会对现有的热空气冷却干燥系统以及现有的冷冻机组造成影响。

3）在非高温季节，可以无需利用现有的冷冻机组。在夏季高温时切换至由冷冻机进行冷却。

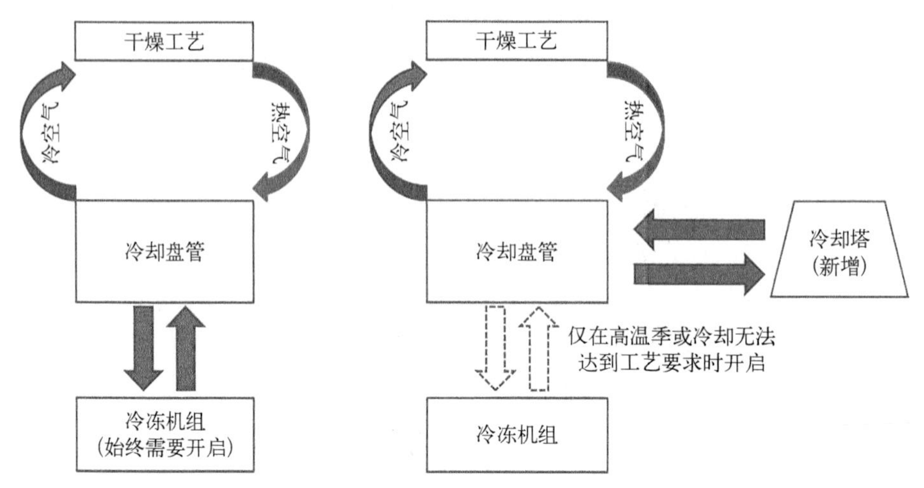

图 4-10　原热空气冷却示意图　　　　图 4-11　热空气冷却改进后示意图

4）原先的冷冻机组冷却降温的方式，仍然可以作为备用方案予以保留，夏季高温时使用。

5）具有较为明显的经济性。

4. 方案效益

从改造前后冷冻机组系统用电前后对比可以看出，改造后的用电量有了明显下降，尤其在 11 月至次年 3 月，基本已不需要开启冷冻机组（图 4-12、图 4-13）。其次，由于改造后会新增部分冷却塔的电耗，故将总的电耗进行改造前后对比，并计算出同一月份电量的差值，可以看出，11 月至次年 3 月以及 6~9 月的节电量最为明显。而 4、10 月节电量相较小的原因在于，这期间单用冷却塔尚无法实现工艺上冷却的要求，故仍需要采用原有的冷冻机组介入，但总体电耗对比同期各月均由明显的下降。

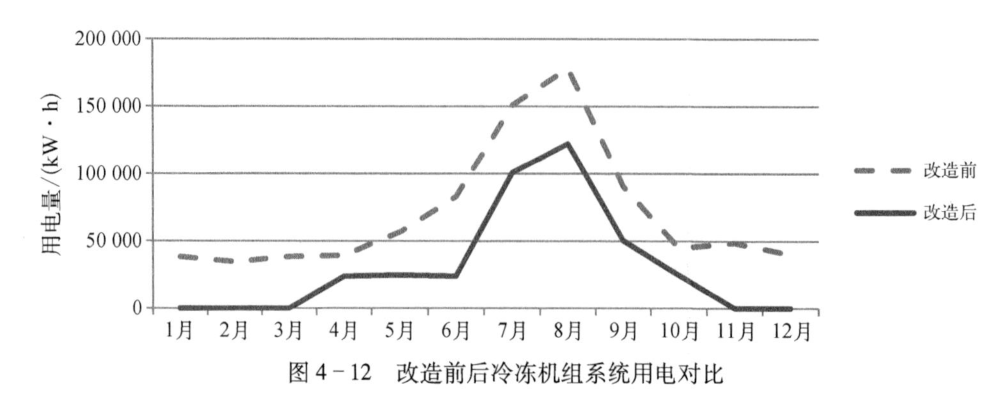

图 4-12　改造前后冷冻机组系统用电对比

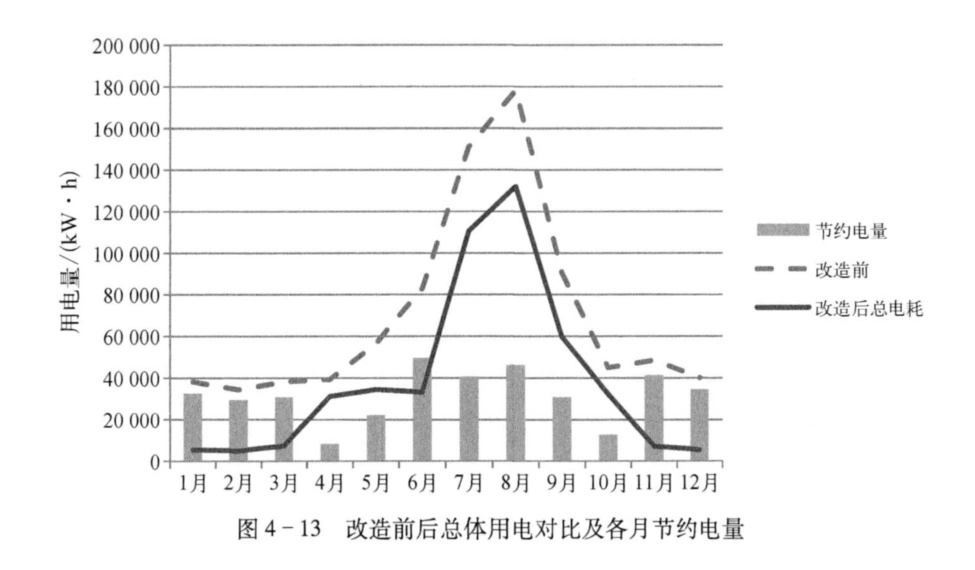

图4－13　改造前后总体用电对比及各月节约电量

案例七　空压机余热回收节能案例

1. 改造原因

空气压缩机(简称空压机)压缩过程中的冷却空气排出热量的50%～90%是可以被回收的,其中又以螺杆式压缩机可回收的热量最多。现行螺杆式空气压缩机的工作流程如下：空气由进气控制阀进入压缩机主机,在压缩过程中与喷入的冷却润滑油混合,经压缩后的混合气体从压缩腔排入油气分离罐,从而分别得到高温高压的油、气。由于机器工作温度的要求,这些高温高压的油、气必须送入各自的冷却系统,其中压缩空气经冷却器冷却后,送入使用系统;而高温高压的润滑油经冷却器冷却后,返回油路进入下一轮循环。在以上过程中,高温高压的油、气所携带的热量基本可被回收,其温度通常在80～100℃。螺杆式空气压缩机在通过其自身的散热系统来给高温高压的油、气降温的过程中,大量的热能被无端浪费。

2. 方案实施

对螺杆式空压机所产生的高温高压的油、气进行冷却,不仅可以提高空气压缩机的产气效率,而且可使余热转化为生产和生活所需的热能,不需运行费用,一次投资就可以得到持续的能源。

据统计,空压机的压缩机在运行时,真正用于增加空气势能所消耗的电能,在总耗电量中只占很小的一部分(约 15%),大约 85%的电能转化为热量,通过风冷或者水冷的方式排放到空气中。这些“多余”热量被排放到空气中,使这些热量被浪费,对于这些被浪费的热量,其中有 65%是可以被利用的,折合压缩机轴功率的 60%。

3. 方案效益

改造后可提高空压机的产气效率,同时降低空压机工作温度,减少机器故障,延长设备使用寿命,降低维修成本,增大机油、机油滤清器、油/气分离器更换时限,相应延长设备的更换期限。

某企业用两台 200 kW 空压机同时进行热量回收,按其可回收热量功率为轴功率的 60%、加载量 85%计算,可回收热功率 $W = 400\ kW \times 60\% \times 85\% = 204\ kW$,机加工车间每小时所需供热量为 545 kW,涡旋式风冷热泵机组额定制热量351 kW,因此涡旋式风冷热泵机组和空压机余热回收装置每小时总共能提供热量 555 kW。项目实施后,在满足同等工况下,预计能够节电 20 万 kW · h。

案例八　零气损空压机节能案例

1. 方案原理

压缩空气凭借其安全、方便的特点,在现代工业里得到越来越普遍的应用。现代工业要求的高可靠性和文明生产也使得越来越多的客户需要得到无油、无水、无尘的净化压缩空气。而压缩空气要净化就要耗能,净化设备中耗能最大的是空气干燥器。空气干燥器有吸附式干燥器和冷冻式干燥器两大类。

(1) 现有干燥器

冷冻式干燥的有效供气量可达到 100%,但是,由于受制冷工作原理的制约,冷冻式干燥的供气露点最低只能达到 3℃(压力露点)左右,而且它受进气温度的影响很大,进气温度每升高 5℃,制冷效率就要下降 30%,供气露点将显著升高。

传统的吸附式干燥器要耗气、耗电,综合算起来,能耗要高于冷冻式干燥器,但它有冷冻式干燥器不可替代的优点:供气露点低、稳定。目前常见的吸附式干燥器主要有:无热再生干燥、加热再生干燥、余热再生干燥。

无热再生干燥器是利用约15%的成品气对再生塔的吸附剂进行吹扫再生。其优点是：结构简单，维护方便。缺点是：耗气量大、能源品位高，有效供气量小，而且有时露点不够稳定。

加热再生干燥器，需使用电加热器，将6%的成品气加热后送入再生塔，使吸附剂升温再生。然后，还要利用6%的成品气，再将吸附剂冷吹至常温。它的优点是：工作周期比较长，而且供气露点稳定。缺点是：耗能仍然偏大，既要耗费6%的压缩空气，还要耗费一定的电能。

余热再生干燥器是利用气体被压缩时所产生的热量，直接加热干燥塔里的吸附剂，使其解附。我们知道无论是什么压缩机，气体在被压缩时，都会产生大量的压缩热，所以压缩机将气体压缩后就要用冷却器将气体冷却到常温。再送入后续设备进行干燥处理。这样，大量的热能被浪费。而余热再生干燥器就是利用了这部分能量。使得加热再生时不耗费压缩空气，在冷吹时才消耗2%的干燥压缩空气，完全利用压缩机的余热来完成吸附剂的再生（压缩机还可省去末级冷却器），也不需要鼓风机和电加热器。可节约能源70%，在能源问题迫在眉睫的今天，它确实是一种理想的节能型干燥器。

（2）新型干燥器

新型的零气耗余热再生空气干燥器也是利用压缩机末级排气的高温热作为吸附剂的热再生，但它不仅利用压缩机的余热来完成吸附剂的再生，还在冷吹时不需消耗干燥压缩空气，使得它成为零气耗，而且也不需要鼓风机和电加热器，可节约能源88%，是一种理想的节能型干燥器。

零气耗余热再生干燥器的基本原理与传统变温吸附工艺类似。即吸附剂在吸附过程中吸附的水分，在再生过程中，来自压缩机的有高于110℃左右余热的气体作为再生气进入干燥塔，依靠热空气的热扩散作用，由再生气体析出、并携带水蒸气，带出干燥塔，彻底清除吸附的水分。为了对床层进行吹冷，以满足下一阶段吸附工作需要，避免空气出口露点由于存在床温而出现不稳定情况，零气耗的吹冷方法是先将高于110℃左右的全部余热气体在水冷却器Ⅰ中冷却到40℃后，作为再生吹冷气体进入再生塔，吹冷后气温又升高了，再在水冷却器Ⅱ中辅助冷却到40℃后进入干燥塔中，经吸附干燥后流出。全流程无气耗，不用电加热器或鼓风机等耗电设备。可以说，零气耗余热再生干燥器是真正意义上的节能产品。

2. 方案实施及效益

方案实施前,某公司 7.5 kg 压缩空气系统配备了 8 台日盛微热再生干燥器,正常生产工况下 5 开 3 备,全年 24 小时运行,每台机组的额定处理量为 30~50 Nm^3/min,平均加热功率为每台 20 kW。根据测试,该干燥器系统在再生时需要消耗大概 34 Nm^3/min 的压缩空气,占空压机总供气量的 22.8%,气损量非常大。

针对这一问题,该公司采取如下措施:

购买并安装一台零气损干燥器,额定处理量为 160 Nm^3/min。该干燥器将安装于原有的干燥器区域替换原有的 8 台干燥器,原有的 8 台微热再生干燥器作为备用机组。零气损干燥器投入运行后,原有的气损量将降为零,空压机运行台数将减少 1 台,彻底解决了原有干燥工艺产生大量气损浪费能源的问题。

方案预计投入包括以上设备采购费、旧设备拆除、新设备安装及其他不可预计费用,共计投入约 130 万元。

该方案实施后预计年节电量为: 1 901 898 kW · h。

案例九　中频感应加热炉改造案例

1. 中频感应加热炉工作原理

中频感应加热炉(简称中频炉)是一种将工频 50 Hz 交流电转变为中频(300 Hz以上至 20 000 Hz)的电源装置,把三相工频交流电整流后变成直流电,再把直流电变为可调节的中频电流,供给由电容和感应线圈里流过的中频交变电流,在感应圈中产生高密度的磁力线,并切割感应圈里盛放的金属材料,在金属材料中产生很大的涡流。这种涡流同样具有中频电流的一些性质,即金属自身的自由电子在有电阻的金属体里流动要产生热量。中频炉利用电磁感应原理加热金属。

2. 中频感应加热炉改造原理

中频感应线圈内部形成的磁通量,线圈绕组为一个方向时,会有电磁损失,当两个绕线方向相反的绕组串联起来,磁场相互抵消,减少了电磁损失,使加热效率提高。在相同的加热节拍下,达到相同的加热温度,功率明显降低,耗电量也随之降低,从而达到了节约能耗的目的(图 4-14)。

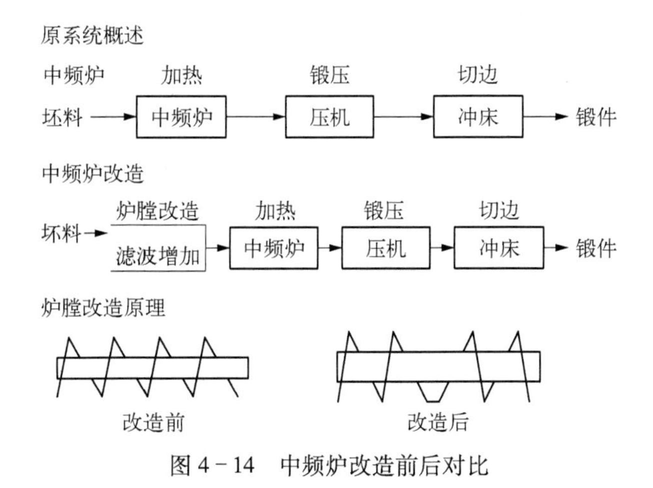

图 4-14 中频炉改造前后对比

3. 中频炉改造工程

4#2500T 中频：炉膛节数从 2 节减少到 1 节，炉膛线圈改造。

AMP 中频：炉膛节数不变，炉膛线圈改造。

2#6300T 中频：炉膛节数从 7 节减少到 5 节，炉膛线圈改造。

4. 方案改造成果

本项目中频改造后，年节约电耗 1 432 089 kW · h，折合标准煤 579 t。

案例十　利用厂房屋顶太阳能发电案例

太阳能是绿色能量，我们每天沐浴在阳光之下，太阳能取之不尽，用之不竭。面对触手可及的太阳能，部分企业已经实践太阳能发电，用以补充常规电能。

并网光伏发电系统就是太阳能组件产生的直流电经过并网逆变器转换成符合电网要求的交流电后直接接入公共电网。并网光伏发电系统有集中式大型并网光伏电站，一般都是国家级电站，主要特点是将所发电能直接输送到电网，由电网统一调配向用户供电，但这种电站投资大、建设周期长、占地面积大，发展难度较大；还有分散式小型并网光伏系统，特别是光伏建筑一体化发电系统，由于投资小、建设快、占地面积小、政策支持力度大等优点，是并网光伏发电的主流。

本项目中光伏屋顶发电系统设计以实效、可靠、安全为基本出发点，建设为并网太阳能光伏发电系统。太阳能组件在接受阳光照射后会产生一定的电流与电压,通过将组件串并联接,将光伏组件产生的直流电经过并网逆变器逆变为380 V/50 Hz 的交流后,并网逆变器的输出端接入交流配电箱中,接入市电电网或对负载进行供电(图 4-15)。简单说就是:根据光生伏特效应,利用太阳能电池将太阳光能直接转化为电能。可以用于任何需要电源的场合。

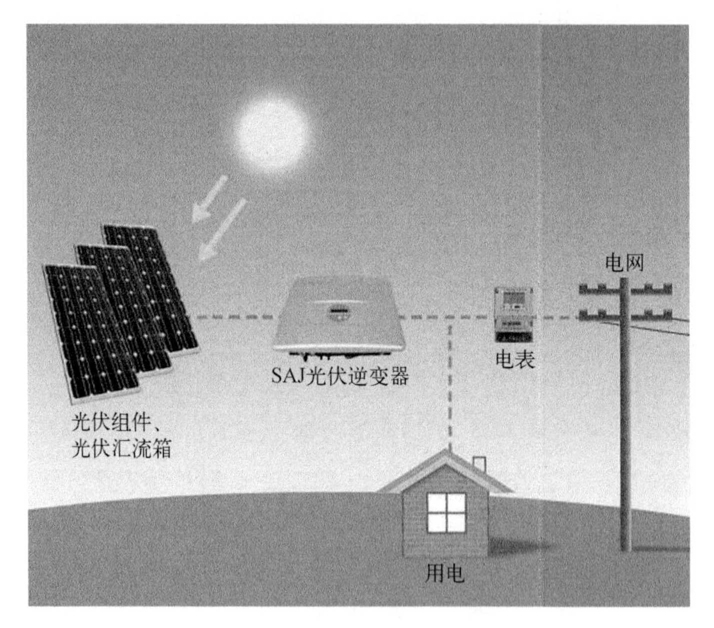

图 4-15 光伏发电示意图

系统主要组成部件如下:

1) 太阳电池板,将太阳的辐射能力转换为电能;

2) 控制器,控制整个系统的工作状态,过充、过放电保护;

3) 逆变器,将太阳能发出的直流电能转换为交流电能。

1. 项目概况

技术中心楼顶安装 136 块太阳能板,每块太阳能板 250 W,装机容量为 34 kW,年发电量约 36 000 kW·h,每年节约标准煤 14.5 t,所发太阳能电尽可能自用,并网点位于地下用户站(图 4-16、表 4-1)。

表 4-1 项目概况

	技术中心三层屋面建筑面积 /m^2	实际可建设面积 /m^2	系统产生能量 /kW	总投资 /元
投资	396	396×70%=277.2	34	10 000 元/kW×34 kW=340 000

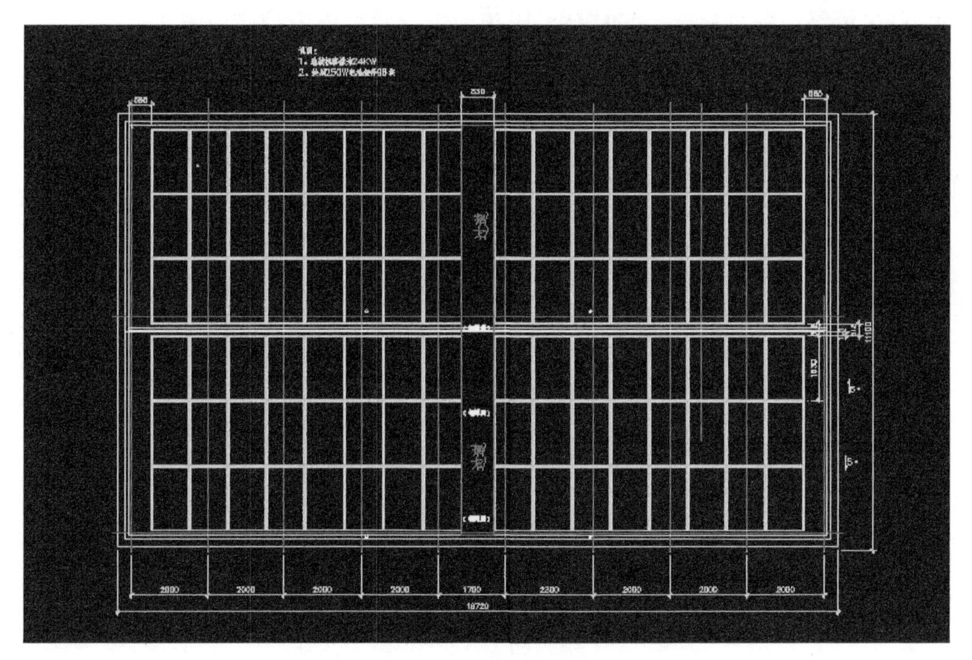

图 4－16　网点及效果图

1）组件规格 250 W/块，共 136 块太阳能板，安装容量 34 kW；

2）组件安装于屋顶，周围有女儿墙具有良好的抗风性，倾角与彩钢瓦角度一致；

3）方阵预计年实际发电量 3.6 万 kW・h；

4）方阵之间留出足够检修通道，方便日后维护。

2. 安装太阳能光伏发电后的运营情况

考虑因素：太阳能电池板质保、整套系统质保、逆变器质保、国家节能补贴年限、国家发电补贴金额、上海市节能补贴年限、上海市发电补贴金额、公司电费单价。

经过计算，第六年可以收回投资成本，第七年开始盈利。累积到第二十五年纯盈利＝25 年累计发电收益（已去除运维成本）－总投资＝106.40－34＝72.4 万元。

25 年运维成本共 4.7 万元，平均每年运维成本 0.188 万元。

节约费用比 β（改造后年增加运维费占年节约能源费用比）：1 880/58 680＝3.2%。

3. 改造主要考虑因素

（1）经济性

1）太阳辐照量：为了增加输出能量，尽可能地避免光伏组件之间互相遮光,以及被屋顶电气设备、通风设备、屋顶边缘及其他障碍物遮挡阳光。

2）线损：为了减少线损,从光伏组件到逆变器以及从逆变器到并网交流配电柜的电力电缆应尽可能保持在最短距离。应尽可能按最短距离布置电缆。

3）组件：选择高效组件,250 W 多晶组件,组件效率达到 15.3%。

4）与负载的匹配：按照卖电及度电补贴,尽可能做到自发自用,可达到最佳的投资收益。

（2）美观

光伏组件的安装尽可能不影响建筑物原有的外观,如外立面、楼高等。

（3）可靠性及维护

支架安装需考虑抗风等级及大楼高度等因素,同时考虑尽可能预留出检修通道。

4. 适用对象

用电需求大且有独立厂房的大型生产企业。屋顶结构必须满足：钢结构彩钢岩棉板屋面承重要求≥30 kg/m^{2}或彩钢岩棉板屋面要求质保期 20 年(防腐)。附近无遮挡物阻挡阳光,且当地日照时间长、辐射量大的公司建议采用光伏发电项目,实现节能减排的目的。

附　录

清洁生产审核报告样式——目录概要

0. 前言

　0.1　公司简介

　0.2　审核范围

　0.3　清洁生产审核依据的主要法律法规

　　0.3.1　国家法律法规及规章

　　0.3.2　地方法规及规章

1. 企业概况

　1.1　企业基本情况

　1.2　企业历史沿革

　1.3　组织机构

　1.4　上一轮清洁生产回顾

2. 审核准备

　2.1　审核小组

　2.2　审核工作计划

　2.3　宣传和教育

　　2.3.1　人员培训

　　2.3.2　清洁生产宣贯

　　2.3.3　企业内部宣传

　2.4　克服障碍

3. 预审核

　3.1　企业概况

　　3.1.1　企业周边概况

3.1.2 生产厂区概况

3.1.3 产品生产与销售情况

3.1.4 主要生产工艺

3.2 原辅料及消耗情况

3.2.1 原辅材料情况

3.2.2 化学品管理情况

3.2.3 绿色采购管理情况

3.2.4 小结

3.3 能资源消耗情况

3.3.1 能资源消耗量汇总

3.3.2 计量器具配备情况

3.3.3 能源管理状况

3.3.4 能源消耗分析

3.3.5 水资源消耗分析

3.3.6 小结

3.4 主要生产及辅助设备

3.5 企业环境管理

3.5.1 环境管理状况

3.5.2 环保法规执行情况

3.5.3 总量控制与减排任务的落实

3.5.4 重金属管理情况

3.5.5 环境风险与应急预案

3.6 产排污及环保设施情况

3.6.1 执行标准

3.6.2 废气

3.6.3 废水

3.6.4 噪声

3.6.5 固体废弃物

3.7 企业清洁生产水平评价

3.8 审核重点的分析与确定

3.9 清洁生产目标

3.10 提出和实施明显意见方案

4. 审核

4.1 审核重点概述

4.2 物料/水/电/能资源平衡分析

4.3 问题产生的原因及清洁生产潜力分析

5. 方案产生和筛选

5.1 方案汇总

5.2 方案筛选

5.3 方案研制

5.3.1 无/低费方案研制

5.3.2 中/高费方案研制

5.4 无/低费方案实施情况

6. 方案确定

6.1 市场调查

6.2 技术评估

6.3 环境评估

6.4 经济评估

6.5 方案经济指标汇总

6.6 确定推荐方案

7. 方案实施

7.1 方案实施情况概述

7.2 无/低费方案实施情况汇总

7.3 中/高费方案实施情况汇总

7.4 方案绩效汇总

7.5 清洁生产目标达成情况

7.6 审核前后清洁生产水平对比

8. 持续清洁生产

8.1 建立和完善清洁生产组织

8.2 清洁生产的管理制度

8.3 持续清洁生产计划

9. 结论

参 考 文 献

阿姆农·弗伦克尔，什洛莫·迈特尔，伊拉娜·德巴尔.2017.创新的基石：从以色列理工学院到创新之国.原书第2版[M].庄士超 译.北京：机械工业出版社.

艾伦·西格尔，艾琳·埃茨科恩.2018.简法[M].孙莹莹 译.杭州：浙江人民出版社.

芭芭拉·沃德，勒内·杜博斯.1997.只有一个地球[M].国外公害丛书编委会 译校.长春：吉林人民出版社.

保罗·萨宾.2019.较量：乐观的经济学与悲观的生态学.丁育苗 译.海南：南海出版公司.

布莱恩·阿瑟.2018.技术的本质：技术是什么，它是如何进化的(经典版)[M].曹东溟，王健 译.杭州：浙江人民出版社.

岛崎浩一.2018.AI布局与物联网应用：中小型企业未来生存指南.张培鑫 译.北京：人民邮电出版社.

德内拉·梅多斯，乔根·兰德斯，丹尼斯·梅多斯.2013.增长的极限[M].李涛，王智勇 译.北京：机械工业出版社.

樊登.2019.低风险创业[M].北京：人民邮电出版社.

方振邦，徐东华.2011.管理思想百年脉络：影响世界管理进程的百万大师.3版.北京：中国人民大学出版社.

何帆.2019.变量：看见中国社会小趋势[M].北京：中信出版社.

《环球科学》杂志社，外研社科学出版工作室.2015.不可思议的科技史：《科学美国人》记录的400个精彩瞬间[M].北京：外语教学与研究出版社.

黄继伟.2016.华为工作法[M].北京：中国华侨出版社.

杰瑞·卡普兰.2016.人工智能时代[M].李盼 译.杭州：浙江人民出版社.

凯斯·索耶.2014.Z 创新：赢得卓越创造力的曲线创意法[M].何小平,李华芳,吕慧琴 译.杭州：浙江人民出版社.

克莱顿·克里斯坦森.2010.创新者的窘境.胡建桥 译.北京：中信出版社.

克雷纳,狄洛夫.2017.创新的本质[M].李月,徐雅楠,李佳胥 译.北京：中国人民大学出版社.

克里斯·克利尔菲尔德,安德拉什·蒂尔克斯.2010.崩溃：关于即将来临的失控时代的生存法则.李永学 译.成都：四川人民出版社.

蕾切尔·卡逊.2018.寂静的春天[M].辛红娟 译.北京：译林出版社.

李伟,周立.2019.可操作的转型.成都：四川人民出版社.

刘士军,王兴山,王腾江.2016.工业 4.0 下的企业大数据：重新发现宝藏[M].北京：电子工业出版社.

罗伯托·维甘提.2018.意义创新：另辟蹊径,创造爆款产品[M].吴振阳 译.北京：人民邮电出版社.

宁国良.2004.管理学经典著作导读[M].湘潭：湖南人民出版社.

乔伊纳德,斯坦利.2014.负责任的企业[M].陈幸子 译.杭州：浙江人民出版社.

特劳特,里夫金.2011.与众不同：极度竞争时代的生存之道.火华强 译.北京：机械工业出版社.

托马斯·库恩.2012.科学革命的结构.4 版[M].金吾伦,胡新和 译.北京：北京大学出版社.

王军锋.2008.循环经济与物质经济代谢分析[M].北京：中国环境科学出版社.

王煜全.2019.暗趋势：藏在科技浪潮中的商业机会[M].北京：中信出版社.

肖恩·姆恩,苏·达特·道格拉斯.2015.如何让员工成为企业的竞争优势[M].徐驰,麦丽斯 译.北京：中国青年出版社.

杨朝晖.2018.问题导向力：重点突破,创造性开展工作的力量[M].北京：中华工商联合出版社.

伊藤穰一,杰夫·豪.2016.爆裂：未来社会的 9 大生存原则[M].北京：中信出版社.

约翰·斯达克.2017.产品生命周期管理：21 世纪产品实现范式.2 版[M].杨青海,俞娜,孙兆洋 译.北京：机械工业出版社.

约翰逊.2014.伟大创意的诞生：创新自然史[M].盛杨燕 译.杭州：浙江人民出版社.

张凯，崔兆杰.2005.清洁生产理论与方法[M].北京：科学出版社.

张兴华.2015.清洁生产审核实务：2014 版[M].昆明：云南人民出版社.

周铭.2019.工业企业环境管理指南：以上海市为例[M].北京：科学出版社.